释然的人生：
生命中那份懂得

南怀瑾舍得智慧

项前◎著

中华工商联合出版社

图书在版编目（CIP）数据

释然的人生：生命中那份懂得／项前著．－－北京：
中华工商联合出版社，2015.12（2023.6重印）
ISBN 978－7－5158－1514－5

Ⅰ．①释… Ⅱ．①项… Ⅲ．①人生哲学－通俗读物
Ⅳ．①B821－49

中国版本图书馆 CIP 数据核字（2015）第 259766 号

释然的人生：生命中那份懂得

作　　者：项　前
责任编辑：吕　莺　张淑娟
封面设计：信宏博
责任审读：李　征
责任印制：迈致红
出版发行：中华工商联合出版社有限责任公司
印　　刷：三河市燕春印务有限公司
版　　次：2015 年 12 月第 1 版
印　　次：2023 年 6 月第 3 次印刷
开　　本：710mm×1020mm　1/16
字　　数：280 千字
印　　张：15.5
书　　号：ISBN 978－7－5158－1514－5
定　　价：35.00 元

服务热线：010－58301130
销售热线：010－58302813
地址邮编：北京市西城区西环广场 A 座
　　　　　19－20 层，100044
http://www.chgslcbs.cn
E-mail：cicap1202@sina.com（营销中心）
E-mail：gslzbs@sina.com（总编室）

前　言

　　南怀瑾是我国著名的国学大师、诗人，兼著名的中国传统文化传播者，他精通儒家、佛家、道家等各种经典思想，为人忠厚诚实，思想见解深刻。

　　很多人知道南怀瑾，是因为他写的《论语别裁》——一部中国文化思想的传世经典。这部书通俗易懂，深刻体现了南怀瑾对儒家思想以及对中国传统文化的精通和深入的理解。他曾说："读书不是学问，真正的学问是做人好、做事好。"

　　南怀瑾，1918 年出生在浙江省乐清县南宅殿后村，他的家庭是一个耕读传世的书香门第，家庭环境对他的成长有着很大的影响。南怀瑾自幼就秉持家训，很小的时候就被父母送到私塾里读书，接受传统的中国式教育。他有着很强的学习能力，对老师教授的课程都耳熟能详。成年后，他更加勤奋地学习，广泛涉猎各种学科，对宗教更是潜心研究，终成一代学问大家。

　　本书以中国的传统文化理念为主线，以"舍得"为纵线，阐述人生智慧。在讲解舍得的智慧和方法时，通过一个个旁征博引的小故事，让我们深刻感受到中国"舍得文化"的博大精深，同时，和南怀瑾及先哲们进行跨越时空的思想交流和情感沟通，会让我们更坚定做一个勇于"舍得"的人，做一个"不争"的人。

目　录

第一章

当你握紧双手时，

里面容纳有限，

可是当你平摊双手时，

世界就在你的手中

不以物喜，不以己悲

南怀瑾在《学佛者的基本信念》中说：学佛者最宝贵的是心里无限宽阔，容得下天地万物，做人处世皆以利益他人为出发点，即便做了一辈子的善事，此亦义所应为，理当如此。

南怀瑾的这段话充分说明了他做人做事的态度，不怕吃亏，有勇于吃亏的舍得观念。

生活中很多人总感到自己得到太少，付出太多，甚至认为舍得不应成为自己一生最基本的信念。其实这都是没有将心态放平和造成的。很多人的一生，都在千方百计、不择手段地去"赢"，去"取"，去"得"，他们不希望"输"，不希望"亏"，更是不能去"舍"。比如，成了家的许多男人不断地给自己施加压力，一定要多多挣钱；比如，很多老人总想自己的下一代胜过别人的子女，嫁个好人家，娶个孝顺儿媳妇，等等；比如，还有些人，看到他人比自己强，于是羡慕嫉妒恨，各种不良的感觉全来了，似乎自己一生中唯一能做的就是在与人"争和夺"，而且自己还不能吃亏。

人最大的失败在于一个"争"字。"争"使人成了名利的奴隶，使人看不清前进的方向，忽略了人生中身边"游动"的最重要的"快乐"。

很多人认为功成名就才是人生的目标，似乎功名越多，人生也就越美好。确实，功名利禄像个万花筒，让人眼花缭乱，往往不能自持，使一颗原本平和的心容易迷失方向并屈从于迷局之中，将自己束缚得越来越紧。古语说，"世人都说神仙好，唯有功名忘不了"。功名还像是一副用花环编制的"罗网"，让人抵御不住诱惑，主动钻进去，于是纠缠于其中的荆棘之中，不得挣脱。

南怀瑾认为，人生中名声地位都是暂时的，利益更是身外之物。人只有放下名利之心，才能得到真正的自由、快乐。而做到这一切，要求人保持不与人争，不与人比，要有一颗平常心，要做到乐天知命。南怀瑾认为乐天就是指知道宇宙的法则，合于自然；知命就是知道生命宝贵的道理、生命意义的真谛，乃至自己生命的价值。如果这些都清楚了，就会放下争名争利的心，就会不忧、不扰，没有什么烦愁了。

当然，不与人争、不与人比，并不是让人放弃一切高远的目标，安于现状，不与命运抗争，而是让人对目前的处境不要抱怨，不要怨天尤人，要泰然处之，奋然争之，把人生中所经历的当成自己生命中的宝贵财富，永远奋发向上，勇于跟不公的命运做斗争，把人生的价值放大，直到最大限度地把自己面对困境时的勇于斗争的最大潜能发挥出来。

人的一生常会经历失意、不如意，事业、生活常会发生变故，快乐并不是永远停留在我们的身旁，而痛苦与烦恼、艰难、困阻以及所谓的"倒霉"等逆境却时常会发生……人的各个阶段都会有或大或小的"变化"，风光无限和命运不济常常会相互交替、相互转化。就如上电梯，到某一层就有某一层的"景色"，有时你所见到的并不是明亮天空，抑或又一座楼挡在你面前。所以，无论我们遇到何种状况，如果能平静对待，从容欣赏，淡然面对，就不会这山望着那山高，或自问自己为什么总不如人，或不再总羡慕别人的风光暗自生气或怒生怨气。

任何事物都是辩证统一的。动与静，变与不变，奉献与索取……这些在人生的旅途中常常相伴左右。所以，人若想拥有，必先付出，而付出之路会遭遇各种"情况"，当然付出的前提就是要从心里有奉献精神、不怕吃亏精神。

就一个人而言，求自己长寿、家庭平安、财富增长，等等，都是正常的心理，但人首先要有爱心、有善心，更要有平和之心，这样才能家和万事兴。就世界而言，求和平，求天下太平，求和谐团结，关键是要让社会有好的发展，要给人民以福祉，唯其如此，世界才能安宁，天下才能太平。而要想祈求福祉，只有人人为这个社会、这个世界的和平发展做奉献，福祉才会真的降临。而"大家"好了（即世界和平），"小家"才会好（每个人的小家庭）。

南怀瑾在不同场合多次说，奉献就是要甘于舍得。很多人一辈子舍不得、放不下、想不开，总以为财富的集聚就是"占有"的过程，其实，有舍才有得，小舍小得，大舍大得，这个世界是因为人类的代代奉献才得以不断发展至今，如果人人都只索取，不奉献，世界也就不会发展，而人们也就不会享有发展了的世界带来的福祉。

范仲淹在经历了人生的大悲大喜之后曾写下了被后人一直称颂的《岳阳楼记》，在文中他写下了"不以物喜、不以己悲"，"先天下之忧而忧，后天下之乐而乐"等千古名句。他认为人处在"进亦忧、退亦忧"的时候，需要的是心态平和的处世态度。

在佛教经典《顿悟入道要门论》第一卷中有这样一段话："过去事已过去，而莫思量，过去心已自绝，即名无过去事。未来事未至，莫愿莫求，未来心自绝，即名无未来事。现在事已现在，于一切事但知无著，无著者，不起憎爱心，即是无著，现在心自绝，即名无现在事。三世不摄，亦名无三世也。"简单地说即：当你手中抓住一件东西不放时，你只能拥有这件东

当你握紧双手时，里面容纳有限，可是当你平摊双手时，世界就在你的手中

西，如果你肯放手，你就有机会选择其他更多的东西。

在主张"至誉无誉"的庄子看来，人最大的荣誉就是没有荣誉，人只有把所谓的荣誉看淡看轻，认为地位、声望都算不得什么才是真正懂得了人生。人生之乐，不在于高官厚禄，财富拥身，人生的快乐，应是为世界做出贡献，受人敬仰，享受平淡之中的真实，在浮躁时内心保持安宁。

曾有人说过，当你握紧双手时，里面什么也没有，可是当你松开双手时，世界就在你的手中。这也许是语言上对人活一生最美丽的描述。但事实上，人如果总想握紧双手，时间上也不能保持长久，双手会因累而自动放开，就像"强扭的瓜不甜"，捆绑不是生活。

人都是凡夫俗子，不可能将自己想要的一切一辈子都紧紧地握在自己的手中，一次工作上机会的失去，一次生意上交易的失利，抑或是某一次情感上的挫伤，这都是一个人在生活中所遭遇的正常现象，不必为此过于伤心而放不下踌躇不前。人要有大胸怀，与其在一件事上"久战久败"，还不如松开手，去重新选择一次；与其老想"得"，不如有"舍"的意识，这样，生活中会有更多的机会向你走来。

心定才能抛去妄念

南怀瑾说：世界上各种宗教，所有修行的方法，都是求得心念宁静，所谓止住。佛法修持的方法虽多，总括起来只有一个法门，就是止与观，使一个人思想专一，止住在一点上。

南怀瑾所说的"心止"便是"心定"，即心能止住在一个点上，就算定住了。人只有静以自处，心平和，才可以外观天地，否则，妄念丛生，心总在日常生活中所遇见的人和事上，不能看透事物本质，总计较自我与他人的利益上，心永不会"让"，便一辈子不能于"一草一木"之间看出一番"深情"来。

传说乔达摩·悉达多出家修行，先是在雪山苦修6年，后在菩提树下静思入定，打坐49天后大彻大悟，从而创立了佛教。

还有个传说，乔达摩·悉达多之后一千多年，一位印度僧人在五乳峰的一个岩洞中面壁9年，以至于在石壁上留下了他坐禅的影像。他坐禅时，面对石壁，两腿盘曲，双手作弥陀印，二目下视，五心朝天，入定后，飞鸟在他的肩上筑巢他都不知，直到"开定"后才起身走动，待疲倦消失，又继续坐禅。后来，他授予弟子慧可《楞伽经》四卷，使禅宗得以在中国流传。此人便是在佛教史上被推为"禅宗初祖"的菩提达摩。

释迦牟尼与菩提达摩的一生虽然颇具神话色彩，但是他们之所以能够成为一代宗师，无不和他们具备超凡的智慧和定力有关。

定力是每个人一生中都必须拥有的素养，只不过有高下之分罢了。定力是"炼出来"的，而非天生的。人有了定力，可以让人抛弃心中的各种"妄念"，使人于利不趋，于色不近，于失不馁，于得不骄，进入宁静致远的高远境界。正所谓："心静，则万物莫不自得。"有定力的人或心定的人可以沉淀出生活中的浮躁，过滤出人生的杂质。

生活中很多人不能做到心定，甚至不愿意让自己心定。比方说：想升官发财的大有人在，想延年益寿的大有人在，想坐拥美女的大有人在，想要享齐人之福的亦大有人在。这些人为了达到目的，想尽各种方法，甚至不择手段，他们的心不光不定，甚至一颗心"掰成"了无数块，总想"占有"、"白得"更多的世间"好东西"。人心不定就像站住比奔跑更不容易，挺身站好是一件很难的事，东倒西歪地站不叫站，所以，"站不住"不是因为你不想"站住"，站得挺拔而且时间长是要经过训练而成，定心也是同样道理。

唐高宗仪凤元年，六祖慧能来到广州法性寺持戒。有一天，风扬起寺庙的旗幡，寺里的两个和尚对着扬起的旗幡争论不休，两人争得面红耳赤。一位和尚说："如果没有风，旗幡怎么会动呢？所以说是风动。"另一位和尚说："没有旗幡动，又怎么知道风在动呢？所以说是旗幡动。"两人各执一词，互不相让。

慧能听后，感悟地说道："既非风动，亦非幡动，仁者心动耳。"即说两个和尚心动才导致有风动、幡动的说法。

北宋理学家程颢的诗作《秋日偶成》里有这样一句："万物静观皆自得，四时佳兴与人同。"静观说的就是心定的功夫，人若能静观万物，才能有所得，而人处在浮躁中即使"观到"也不全面。

一个人可以没有高等学历，没有"贵人"相助，但不能没有坚定的信念。如果没有坚定的信念，人就会平庸，甚至会失败，因为成功的法则，就是拥有坚定的信念，实干的精神，而定力是基础。

世界上任何事业的发展都要求其从事者有坚定的信念。信念不坚定，不仅目标实现不了，就连在实现目标过程中出现的问题往往也是有过难改、有错难纠。现实中，很多人面对自己的信念，要么对自己网开一面，要么不以为然，很多时候"信念"就是他们嘴上说说而已。

有人说：信念等于主心骨。有主心骨的人，目标明确，做事坚定，不半途而废，即使遇到再大的困难，也会想方设法克服，直至达成目标。而没有主心骨的人，干什么都是虎头蛇尾，遇难事就抱怨、就指责，甚至放弃，还有些人东听一句，西听一言，毫无自己坚定的主见。

所以，锻炼自己的定力，坚定自己的信念，就能冷静地面对挫折与困难，就能有足够的勇气和动力克服阻碍，就能在逆境中奋起，从失败中走向成功。

有一天，元代大学者许衡与朋友外出，因天气炎热，口渴难忍。正好路旁一棵梨树结满大梨。友人摘梨并分给许衡，许衡却说："不是自己的梨，不能摘也不能吃。"友人笑他迂腐，"世道这么乱，此树在路边，姓谁名谁又没贴在树身，没人管。"许衡却说："梨虽无主，我心有主。"

许衡的"梨虽无主，我心有主"，显示了他超强的定力。每个人的人生都可以绚丽多彩，但需要你怀有坚定的信念自己去努力。信念，是一支火把，可以点燃人的潜能；信念是一种力量，即使身处逆境，依然可以让人奋起；信念更是一座灯塔，能指引人不断向目标前行。

锻炼自己的定力，坚守自己的信念，勇敢前行吧。

分享，让人快乐

南怀瑾说：神奇的爱，会使数学法则失去平衡。两个人分担一个痛苦，只有一个痛苦；两个人分享一个幸福，却能拥有两个幸福。

这段话是说，当你把悲伤告诉一个人，你就少了一份悲伤；当你把快乐告诉一个人，你就会得到两份快乐。

有这样一个故事：有一个富翁盖了一座大庄园，为了防止镇上的孩子们来他的庄园捣乱，他砌了四面高高的墙。但正是这些墙，虽然隔开了富翁与孩子们，但也隔开了他与快乐的接触。后来，他醒悟了，推倒了围墙，让孩子们进来玩耍，也邀请其他人来庄园做客，他获得了许多的快乐。他逢人便说他推开了心中的围墙，他的心不仅感受到了温暖，也感受到了快乐。

禅宗有一则故事：

有位禅师在寺院里种了一些菊花，三年之后，满园飘香，连山脚下的村庄都能闻到香味。于是，有人向禅师要花移植到自家院里。禅师立刻将开得最好的花挖了出来。此后，又有好多人前来要花，禅师都一一满足他们的愿望，无一回绝。最后，寺院里竟然连一棵菊花都找不到了。

秋天到了，僧侣们望着满园的凄凉之景叹息道："好可惜啊！此时这里本来应该是芳香四溢的一个花园的。"禅师听到后却说："你们可以想象一下，我把花送给山下的村民，三年后会是什么样子？那时将会是一村菊香！"禅师停顿了一下，好似已经沉浸在花海中，然后，他又继续说："我们应该把美好的事与别人一起分享，让每一个人都感受到自己的幸福，即使自己一无所有，只要送出去了幸福，心里也是快乐的！而这时候我们才算是真正拥有了幸福。"

"独乐乐，不如众乐乐"。如果你有五个苹果分享给不同的人，也许你会收获另外五种不同口味的水果。相反，如果你独自品尝五个苹果，仅且只有一种口味而且还索然无味。

把自己的快乐与悲伤、成功与失败拿出来和朋友与家人一起分享，那将是很幸福的一件事情。当然，有些人只想与他人分享悲伤、失败，对于快乐、成功只想独享。这是一种自私的表现。快乐、成功的分享是非常重要的分享，因为你会发现，这种分享并不是一味的付出，而是双倍的获得。

同时，更为重要的是，你学会了分享，也就打开了自己内心始终关闭着的

那扇大门，你不仅接纳与你无关的他人，你还会发现他人身上更多的闪光

点，这些会让你的眼界大开，同时，你的心胸也开阔了。

而那些愿意把自己的伤心事、不如意事告诉他人，希望他人能无偿帮

助自己，然而一到自己快乐时，便独乐乐，这种不懂与人分享快乐、只想

把痛苦让他人分担的做法其最直接的后果就是身边变得没有朋友，他再高

兴也没有人知道，痛苦了也没有人安慰，这样的人生无疑是黯淡无光的。

所以，只有与他人善良共处共同分享快乐幸福的人，才会赢得友情、

亲情、爱情，才能让他人感到开心，才能让自己在帮助他人的过程中感受

到快乐幸福。

分享，这种行为看起来很简单，但能真正做到的人却非常少。在现实

中，有很多人为了顾及自己的利益而不顾及他人利益；还有一些自私的人

只需要他人帮助自己，自己不肯帮助他人，而懂得分享的人，其行为像阳

光一样温暖他人之心，其胸怀也格外的大度。

一个人无论多大年龄，他真正的人生之旅，是从踏上人生之路那一天

开始的，犹如金字塔，如果拆除，不过是一堆散乱的石头。人如果没有追

求，人生也就是几段散乱的片断。因此，人生没有追求，就没有奋起直追

当你握紧双手时，里面容纳有限，可是当你平摊双手时，世界就在你的手中

的持久动力，也就没有分享的乐趣。很多人认为追求很重要，分享算不了

什么，原因在于他们认为追求是成功人士身上具备的素质，而分享不重要。

其实，分享也是追求的一部分，它能让人树立正确的追求理念，时时监督

自己，同时给自己继续前进的动力。

生活中，谁都会有不开心、不如意的时候，谁都会有遇到坎坷、逆境

的时候，谁都不免会有家庭的矛盾、工作的失利，朋友的分离或爱人冷漠

的时候，此时只要善于开口请人帮助，心情便会豁然开朗，也许就会柳暗

花明又一村，不过这一前提，一定是建立在你是个懂分享、爱助人、有舍

得意识的基础上。

做一个乐于分享的人吧，不管你是分享成功的喜悦，还是生活中的困

境，抑或是点滴的小事，都会让你在获得帮助的幸福感的同时收获大批的

朋友。

推己及人的"恕道"

南怀瑾说：在历史上，有不少刻薄寡恩的政治领导人，都不得善终。所以古代的人，如尧、舜、禹、汤、文王、武王、周公、孔子，乃至于齐桓公、晋文公这些人，他们在思想上、功业上，能够使他人望尘莫及，并没有什么其他特别的本领，他们不过善于推广他们的仁心，也就是孔子所说的那种推己及人的"恕道"。

春秋时期的一个冬天，齐国连下三天大雪。齐景公披件狐腋皮袍，坐在厅堂欣赏雪景，觉得景致新奇，心中盼望再多下几天，也许更漂亮。恰好大夫晏子入宫奏事，看见齐景公赏雪的情景，若有所思地望着翩翩下降的白絮。景公说："下了三天雪，一点都不冷，倒是春暖的时候啦！"

晏子看景公皮袍裹得紧紧的，又在室内，就有意追问："真的不冷吗？"景公点点头。晏子知道景公并没有理解他的意思，又说道："我听闻古之贤君：自己吃饱了要去想想还有人饿着；自己穿暖了要想想还有人冻着；自己安逸了要想想还有人累着。可是我看，大王好像忘了别人啊！"

景公听了很是羞愧，一句话也答不出来。

晏子的一席话实际上就是讲述了"恕道"的内涵。

其实，在古代不仅"恕道"的意义重大，现如今它的现实意义也不容忽视。"恕"字包含了相互体谅的意思，即遇事要换位思考，做事要推己及人，仁爱待人，这样就可能改变已有的不正确做法，就会遇事待人多一分理解，少一分对立。

弘一法师曾说："唯求自利的人，不能往生。"意思是人生在世，永远想着自己的人往往或被他人唾弃，或自陷泥潭。而推己及人是人际关系中友好相处、缓和矛盾的最佳润滑剂。所以，当我们与别人见解不同或闹矛盾的时候，我们要多站在对方的角度去想，就会多一分理解，矛盾就会减少几分；当我们想要伤害、报复别人的时候，采取推己及人的做法，就有可能会打消这个念头。如此一来，人与人之间的和谐自然就会产生，宽和待人就会随着你的"恕道"的修炼程度发扬出来，你也会成为一个受欢迎、受尊敬的人。

"恕道"、推己及人是一切社会公德的基础，因为要维护正常的社会秩序，就要遵守社会公德。如果每个人做任何事都能提前想一想自己这样做对社会有什么负面影响，对别人会有什么不良影响，想一想别人是不是也有这种要求，想一想这样做别人会有怎样的感受，很多看似不可解决的问题就会迎刃而解。"恕道"和推己及人也是一种换位思考，举例而言，公交司机如果把自己当成乘客去想一想，售货员如果把自己当成顾客去想一想，司机就不会因乘客行动迟慢而催促，售货员就不会因顾客挑剔商品而发怒了。所以，无论我们从事的是何种行业，多站在自己的服务对象角度去看问题，心态自然而然就会转变，态度自然而然也就不再偏激。

就个人而言，拥有"恕道"和推己及人的意识意义非常重大。譬如说，婆媳关系很差的家庭，就需要推己及人的互相体谅。作为儿媳妇可多想想：有一天，自己也会老，谁来照顾自己，自己的儿媳妇是否能够孝敬自己。作为婆婆也要多想想：儿媳妇是陪伴自己走完人生最后时光的重要家庭成员，是让她心怀怨愤地照顾自己，还是心甘情愿地照顾自己，全看平日相处得如何。婆媳双方若能互相替对方着想，这样的婆媳关系才能向好的一面看齐，家庭环境才能和谐稳定。

《孟子·梁惠王上》有言："老吾老，以及人之老；幼吾幼，以及人之幼。"意思是说：赡养孝敬自己的长辈时不应忘记其他与自己没有亲缘关系的老人，在抚养教育自己的小孩时不应忘记其他与自己没有血缘关系的小孩，这就是推己及人换位思考在社会中的具象表现，同时也是个人修身的

当你握紧双手时，里面容纳有限，可是当你平摊双手时，世界就在你的手中

重要部分。《大学》里有句话："自天子以至庶人，宜以修身为本。"即无论你是什么地位，修身始终要进行，这是为人之本，也是社会之本。如果给修身分一下层次，推己及人的换位思考就是值得去追求的高境界。

当然，推己及人的道理很好理解，做到却不容易。推己及人是一个循序渐进的过程，应从身边最简单的事情、自己最亲近的人开始，然后再扩大到更大的范围，推及到自己不认识的人中。人经常反思和换位思考，长久下去就会有精彩的收获。

不念旧恶，从内心去原谅别人

南怀瑾认为，当我们不能真正从内心原谅一个人的时候，我们最终折磨的是自己。

《八大人觉经》里把"不念旧恶"列为第六觉知，认为人如果能不念旧恶就是摆脱了愚痴走上了觉悟之路，是具有大智慧的人。

生活中，很多人会因为种种事"冒犯"我们，但如果我们不能自心底原谅别人，堆积怨恨，让心不够澄净，最后受伤害的还是自己。佛家有云，一念放下，万般自在。即是说，人如果时刻检讨自己、包容别人，多看别人优点、寻找自己不足，就能做到不念旧恶，时刻保持澄净的心灵。

唐初时，上官仪因替唐高宗李治起草废后诏书被武则天杀害。后来，他的孙女上官婉儿为了报仇，与太子李贤、骆宾王等人一起参与了倒武政变。事情败露后，武则天不仅没有杀害上官婉儿，反而破例升她为机要秘

当你握紧双手时，里面容纳有限，可是当你平摊双手时，世界就在你的手中

书。在后来的相处中，武则天用宽容不断地感化着上官婉儿，最终获得了

她的尊重和爱戴，同时用其聪明才智，为自己排忧解难。

不忘旧恶，睚眦必报，只能证明一个人心胸狭隘。西方有这样一句话：

"一只脚踩扁了紫罗兰，它却把香味留在那脚跟上，这就是宽恕。"人活一

辈子要能容忍别人的龃龉、排挤、诬陷等种种事情。对于那些不好听的话、

不利己的事，反思想想，没准可以给我们发热的头脑泼泼冷水，犹如芭蕾

舞演员正是穿多了"小鞋"，才能在舞台上跳出曼妙的"芭蕾舞"一样。

光武帝刘秀不念旧恶、焚烧投敌信札的故事一直被广为传颂。

当光武帝刘秀大败王郎攻入邯郸，检点前朝公文时，发现了大量奉承

王郎、侮骂自己甚至谋划诛杀自己的信件，可刘秀对此视而不见，全部付

之一炬。对此，很多人不理解，但他说，"只有这样不计前嫌，才能打消群

臣的二心，化敌为友"，后来刘秀终成帝业与他宽容待人有很大关系。

鲍叔牙与管仲做生意，每每多分给管仲黄金，管仲从来认为理所应当。

很多人认为不公平，但鲍叔牙不计较管仲的自私，后来还向齐桓公推荐管仲

做自己的上司，结果齐国在管仲的治理下强大起来。而鲍叔牙死后，管仲一

直荫庇他的子孙后代，其后十余世都享受封邑，还时常有高官贤臣出自其中。

可见，不忘旧恶并不能平息仇恨，睚眦必报也不能消灭争斗，唯有相

忘宿怨，不咎既往，才能摆脱俗气的冤冤相报。

　　孔子周游到卫国的时候，国君卫灵公对孔子以礼相待，专门到都城的郊外去迎接孔子。孔子觉得卫君很尊重他，于是就在卫国住了下来。不久，卫灵公要出行，但出行的时候他让宦官坐在他的身旁，却让孔子坐另外一辆车跟在他们后面，招摇过市。孔子觉得非常耻辱，说："我还从来没有见过卫灵公这样的君王。"孔子离开了卫国。

　　后来卫国发生了政变，冉求问子贡说："夫子会帮助卫君吗？"子贡说："我不知道，我去问问夫子吧。"于是子贡就走进孔子屋里，问道："伯夷、叔齐是什么样的人？"孔子曰："伯夷、叔齐不念旧恶，怨是用希。"意思是说伯夷、叔齐两个人不计他人过去的仇恨，因此，别人对他们的怨恨也就少了。他们是古代的贤人啊。子贡又问："他们有怨恨吗？"孔子说："他们追求仁就得到了仁，又怨恨什么呢！"子贡出来对冉求说："夫子看来是会帮助卫国的。他不会因为卫君曾经待他不好而怀恨在心的。"

　　历史上除了伯夷、叔齐，不念旧恶的贤人还有许多。管仲曾经箭创公子小白，但公子小白当上齐桓公后却不念一箭之仇，重用管仲为相，最终成就齐国的霸业；刘邦宽恕曾在战场上追杀他的原项氏猛将季布，后委他以边防重任，使新兴的汉朝边疆平添了一道坚强的屏障；东汉末年的陈琳曾写下《为袁绍檄豫州文》，文中历数曹操的罪状，诋斥曹操及其父祖，极富煽动力，但官渡之战结束后，袁绍大败，陈琳为曹军俘获，曹操爱其才

当你握紧双手时，里面容纳有限，可是当你平摊双手时，世界就在你的手中

而不咎，署他为司空军师祭酒。综上所言，不念旧恶是成功者具备的风范，是一种极为睿智的待人方式。

传统理念如此，现代理念亦如此。不念旧恶、宽以待人是一种宽容、高尚的思想境界。这种境界提倡人们不要在意他人是否与自己意见相左，不要计较他人的过失和对自己的亏欠，不挑剔别人的短处。不念旧恶也是对自己未来的一种投资，它能在无形中将可能的敌意化解掉。所以，不管从哪一个方面来讲，不念旧恶都是值得提倡和发扬的人生智慧，它历经了时间的考验，通过了历史的验证，烙在了中国人的传统观念上，并拥有了与时俱进的现实意义。

简而言之，当你愿意不念旧恶，打从心底里去原谅别人，旧恶的残酷与新仇的纠纷都会离你远去，更多的朋友、更高的眼界、更强大的能量就会来到你身边。

人生的命运之绳是握在自己手中的，想快乐，想自由自在，想心灵纯洁清净，想要身在局中心在局外，才可以做到这些，而做到这些，也需要具备高尚的修养和优良的素质。

永远不自欺，永远不欺人

南怀瑾在《原本大学微言》里说他在读古人笔记的时候，看到明代有一个人对于买卖古董的看法，说了三句很高明的话："任何一个人，一生只做了三件事，便自去了。自欺、欺人、被人欺，如此而已。"是的，这句话说的真是很有道理。因为人的一生中历经自欺、欺人和被人欺，所以人要自爱、爱人和被人爱。也可以说，人要自尊，尊人，才能被人尊。

话说有一天，狐狸看见乌鸦嘴里叼着一块刚刚捕获来的肉，就十分想得到这块肉，可是由于乌鸦在树上站着，所以狐狸决定不能硬来，而是要想办法骗乌鸦丢掉这块肉。于是狐狸眼珠一转，一计便上心头。

狐狸讨好地对乌鸦大喊道："亲爱的乌鸦大哥，您最近过得可好，我早就听说过您的歌声是整个森林中最美妙的声音，一直都想聆听一下您的天籁之音，一直苦于没有机会，这次正好得到这个天赐良机，不知您可否赏脸给唱两句？"

乌鸦听了之后心里顿时美滋滋的，可是它知道狐狸一贯狡猾，附近很多的伙伴们没少受它的戏弄，这次说不定它又在打什么坏主意，所以就对狐狸不加理睬，只自顾地吃着嘴里的肉。

眼看着乌鸦嘴里的肉正在被一口一口地吃掉，狐狸别提有多么着急了，于是它又说道："乌鸦大哥，我觉得您不仅是歌唱得最好的，就连您的羽毛也是那么漂亮，我想，趁着您今天穿着这么漂亮的装束，如果您能开口唱两句的话，您一定会成为全世界最美丽的歌唱家的，当然，听完了您这次的演唱之后，就算是让我立马死去，那么我也可以说是死而无憾了。"

乌鸦终于忍受不住狐狸的赞美了，它决定唱几句，可是当它刚一开口唱，嘴里的肉便掉了下去，而那只狐狸立马叼着那块肉逃之夭夭了，只留下乌鸦独自在树枝上默默地流泪。

这则小故事告诉我们，有的人对我们的赞美是出于真心实意，是为了给我们送来欢乐与祝福的；可是也有些人对我们的赞美是别有用心的，是为欺骗做准备的，是给我们挖了一个美丽的陷阱，对此，我们一定要对他人的"赞美"多些警惕，否则我们就是第二个可怜的乌鸦。

被人欺，更好理解了，一方面很多人善良，容易受人欺骗；还有一种人，懦弱，软弱，也容易被人欺骗。

小玫的家里有一片茶园，每逢周末，她就随妈妈去集市上卖茶叶。后来，妈妈染上了重病，再也不能去卖茶叶了，家里的生活状况也越来越糟，好长时间连买一斤肉的钱也省不出来。小玫决定单独去卖茶叶。临走时，妈妈撑着病恹恹的身子虚弱地靠着门交代她："小玫，卖了茶叶，记着买点肉回来。"

小玫在集市上"守株待兔"地摆了大半天地摊，很少有人问津。偶尔有人想要时，又怀疑茶叶不够斤两。小玫每每对问价的人都照实直说："包装袋上标明500克，实际上是400克。"尽管她诚心诚意，可人家听了她的实话后反而抬腿就走。眼看太阳快下山了，而她篮子里的茶叶一包都没动，小玫慌了，便提着篮子去推销，一路问到菜市场也没卖出一包，她沮丧极了。

在一个卖肉的摊位前，小玫站住了："师傅，您要茶叶吗？上好的清明茶。"

那师傅手一挥："不要。"

小玫又大着胆子问："拿我的茶叶换你的肉，可以吗？"

那师傅朝小玫一望："怎么换？"

小玫一听有希望，忙说："我的茶叶一斤10元400克，肉5元一斤，是吧？就一袋半茶叶两斤肉，怎么样？"

那师傅心动了，接过她的茶叶，看了看，又用手掂了掂，盯着她问："够不够斤两？"

"你有秤，最好称称看……"没容小玫说完，一个妇女走过来要买肉，打断了她的话。那师傅也顾不上理小玫，手脚麻利地割了肉，过秤后装在那妇女的篮子里。妇女付钱后正要走，看到了小玫篮子里的茶叶："这茶叶看起来蛮好，多少钱一包？""一斤10元。"小玫说。

那妇女便拿过两包茶叶看了后又掂了掂，然后递给卖肉师傅说："你称一下看。"小玫正要解释，不料卖肉师傅放在秤上一称，肯定地告诉那女人："你看，一包500克，足量！你就买个放心吧。"

小玫一听，愣住了，想想不对劲，显然，卖肉师傅的秤有问题。

小玫不知哪儿来的勇气，对他们说："不对，我的茶叶只有400克。"

他俩都愣住了。片刻后，那妇女将篮子里的肉甩在案板上，冷冷地说："给我退钱！"

卖肉师傅狠狠地白了小玫一眼，无奈地退了钱。那女人接过钱，对小玫说："小姑娘，你很诚实。跟我走吧，你的茶叶我全要了。"

小玫跟着妇女来到了一家土产公司，进了办公室后，妇女对小玫说："小姑娘，我想收购你这种茶叶，货多吗？"

小玫惊呆了，点头不迭。

妇女接着说："你有多少我要多少，但要换上名副其实的包装袋，做生意要以诚为贵。这一点，你比我更懂。"

因为诚实，小玫差点卖不出一包茶叶，甚至心灰意冷地要动摇她的诚实；也因为诚实，茶叶有了销路，从此她家里的境况大有好转。

可见，诚信乃安身立命之本，一个正直的人，从长远来看，比那些投机取巧的人能够获得更丰厚的利益。所以不欺人，不被人欺是自爱、自重、自尊的表现。

要乐施更要善施

南怀瑾说：为什么人要布施、要慈悲呢？拿中国古文来讲，就是"义所当为"四个字，人生就应该这样做。利人、助人、慈悲，这样不停地布施，他所得到的福德果报就会大得像虚空一样不可思量。

在一条被白雪覆盖的山路上，两个旅行家艰难地向前走着，风雪还在继续，刺骨的寒气不断侵袭着他们，尽管两人没有停下脚步，但还是忍不住哆嗦起来。

忽然，他们看到路上有个老人躺在雪地中。一个旅行家上前试探了一下老人的鼻息，他还活着，但如果放任不管的话，老人一定会被冻死在这雪地中。于是，这位旅行家就对同伴说："来帮帮忙，我们带他一起走吧！"没想到他的同伴生气地说："在这种鬼天气里，我们连自己都顾不上，哪还有工夫顾及他人！"说着便独自离去了。

剩下的那位旅行家一个人背着老人继续前行。走着走着，旅行家开始出汗了，他身上的热气逐渐温暖了老人冻僵的身体，老人竟然慢慢恢复了知觉，身体也开始热乎起来，两人用彼此的体温互相取暖，居然忘却了寒冷的天气。

"我们终于到了！我们要得救了！"旅行家指着远方的村庄向背上的老人说。

当他们到达村口的时候，却看到雪地上有个僵硬的男人。旅行家仔细一看，这不正是自己先行离开的同伴吗？他居然冻死在了距离村子咫尺之遥的地方。

别人有困难，我们能帮就帮，这是做善事，也是做人的原则。当然做善事，是为了帮助他人解决困难，帮助他人在过不去的"坎儿"时拉他人一把，使之能够摆脱困境，走上过好生活的路是做善事的一种。助人，不代表"养人"，如果被帮助的人不思进取，只等别人发善心，那是不对的。助人，除了要帮助困境中的人解脱困境，还需帮扶他们的心灵，这才是发善心助人的深切含义。

南怀瑾说：真正行菩萨道，度了众生，帮助了人家，心里头都不会觉得度了人家。如果有这念头，就已经犯戒了，犯了布施的戒。所以，一个度尽天下众生、救天下苍生的人，心中应没有一念自私，没有一点自我崇高。

当你握紧双手时，里面容纳有限，可是当你平摊双手时，世界就在你的手中

张廷玉是清朝康熙、雍正、乾隆的三朝宰相，所谓的百年康乾盛世，与他辅政是密不可分的！他甚至被人称为"千古明相"。他因为一首诗流芳千古。

一次，张廷玉的家人为三尺宅基地与邻居发生争执，家人写信给张廷玉，希望他出面解决。张廷玉看见家书后，给家人回信写了一首诗：千里求书为道墙，让他三尺有何妨。万里长城今犹在，谁见当年秦始皇？

家人看信后，立即让出三尺地，邻居了解内情后也是十分感动，随即拆墙也后退三尺，两家不仅和好了，还为过往行人留下了一条六尺宽的通行巷道，大大地方便了邻里乡亲。

人的生命是一个过程，在这个过程中，很多人、很多事有时会迫使人被动地做些自己并不想做的事，"扮演"一些自己并不喜欢"扮演"的角色，过一种自己并不愿过的生活。但是，人生的首要目标是一辈子生活应幸福美好，所以，多做一些有益于他人的事，多做乐于助人、乐善好施的事，多伸出自己的双手帮助他人，贡献出自己的绵薄之力于集体，造福社会才是有意义的。

所以，在日常生活中，我们可以试着主动向身边的人表达友善和爱心。比如，在大街上，在商店里，在菜市场内，在村庄或在城镇，在旅途或在你所居在的地区，尽管大部分情况下，你与那些和你擦肩而过的人们素昧

平生，甚至你可能以后也不会再见他们，但这些并不影响你对他们微笑，对他们伸出援手，当然，你也可以向那些你素不相识的人什么也不表示，你完全可以对他们显露出漠不关心、冷若冰霜、脾气暴躁、沉默不语等状态！然而，当你满怀真情地露出善意的微笑时，伸出援手时，你会觉得你的心是快乐的、温暖的。而如果人人都这样做，整个社会也会变得温暖起来。尊重生命、尊重他人，应成为社会中的一种共识，而这种共识，自古有之，我们要继承下来并发扬光大。

比如，我们与一切有生命的生物共住一个地球，但地球不光是我们人类的，也是多种多样、大大小小有生命的生物的地球，大到鲸鱼、大象、狮子，小到蚂蚁，都在这个充满水、空气、绿色、阳光的地球上生活，都是这个地球的主人。只不过人类是这个地球上的"强势者"，所以其他生物在人类面前便是弱者。正因如此，人类更应与同在一个地球村生活的其他生物和平相处，和睦相邻，多积善，多为那些弱势的生物留些生存空间，像给鱼儿多留一些有清水的湖泊，让鱼儿有一个舒适的生活环境；像给老虎、猴子、大象、鸟儿们多留一些森林、平原、天空，让它们在自己的家园里快乐地生活。为这些我们人类的朋友留一些繁衍生息的空间，也就是给了我们生存的空间，这样，会让地球变得更加和谐，这么做，也充分体现了我们人类的文明，人类的美德。

做人不能只担美名，不负责任，没有公德心。所以乐施还要善施，就像如果不保护我们的地球，大肆破坏大自然的自然规律，缺少了清风明月、花草树木、鸟鸣兽吼，大自然也就不成其为大自然了。

当今许多成功人士和商业巨子之所以成功，在很大程度上都归功于自己的仁者之心和受人欢迎的性格。因为仅靠他们的聪明才智、毅力和商业实践，或许能获得成功，但会是暂时的，不会长远；而有爱心，爱帮助他人的人，不仅受欢迎，同时也会有许多朋友，他的事业就会基业常青。一个人不论有多大的能力，没有爱心，不愿乐施，不愿善施，不懂得吃亏是福善待他人的道理，总计较自己利益大与小，个性孤僻生厌，那么他将永远处于劣势之中。

第二章

人生机遇诸多，

只要有颗舍得心，

能正确对待自己，

就能获得精彩

生活的关系就是取舍关系

南怀瑾在《金刚经说什么》中说，人生最舍不得是两样东西，第一是财，第二是命。当有命的时候，钱财是最舍不得的！

南怀瑾的这段话着实说出了人性的弱点。很多时候，人拥有的外物越多，反而自身会受到更多的羁绊。很多人认为世上花开花谢，是自然之道。钱财也是这样。如果一个人不懂得钱财的辩证法，就会陷入烦恼之中。比如，钱再多，有用尽的时候；权再大，有放手的时候；生命再长，也会有终结的一天。所以，很多人在"有命"的时候，对钱、权等东西不仅想抓，而且是多多益善，在越抓抓不到时，更拼命地去抓，甚至置生命于不顾，这就是不懂生命意义内涵的表现。钱财如同花开花谢，均属身外之物，没有了生命，拥有再多的钱财又有什么用呢。所以，人在有限的生命中应心态平和，尽量做到无欲则刚，学会取舍，才能过快乐的生活。

据说有一位将军喜欢收藏一些珍宝古物。一次，在家中拿出他的那些珍藏品来欣赏，一不小心，差一点就把一只玉杯给打碎了。幸亏他眼疾手快，一把抓住了掉落的杯子，但已是吓得满头大汗了。等他定下神来时，他想："我率领千军万马出生入死，从来都没有如此紧张害怕过，为什么今天一只小小的杯子就让我惊吓成这个样子了？"将军由此悟出：人一旦有了爱憎之心，有了贪恋之心，就会产生惊怖，产生失常。于是，他干脆把那只玉杯送人了，并且从此对古玩的兴致大大消减。

这位将军因为具备收藏珍宝古玩的财力，于是有了对珍宝古玩的爱好，但在拥有这些珍宝古玩后，却不能尽享欣赏的趣味，反而存在了怕失去的心态而让心萌生各种私念，这是因为珍宝古玩本身就是一些捆缚人心的东西，一旦拥有就不免患得患失，放在家里担心遭偷窃，拿在手上怕一不小心被摔坏，整天都处在担惊受怕中，反而失去了拥有的意义。

人们常说：心无长物轻如燕。心无长物是指人不要让心有太多挂牵。但随着人的成长，人的心挂牵的东西逐渐变多，人们常被自己产生的种种私念所困扰，会感到生活起来很累、很苦，自己压力很大、很烦，其实，究其源头，"心有长物"是扼杀人快乐的"凶手"。

曾经有一位作家出名之后，觉得每天都非常累，于是，他便去请教自己的老师。

老师问道："你每天都在忙些什么呢？""我一天到晚要应酬交际，要演讲，要接受各种媒体的采访，同时还要忙于自己的写作。唉！老师，我活得真是太累太苦了。"作家如实回答道。

老师没有立刻帮他解决他的苦恼，而是突然打开了自己的衣柜，对作家说道："我这一辈子买了不少精美的衣服，你把这些衣服都穿在身上，这样就能从中找到答案了。"

作家说道："老师，我穿着自己身上的这些衣服就已经足够了。现在你要我将你的这些衣服都穿在身上，我的身体肯定会感到特别沉重的，同时，我也会非常不舒服的。"

老师说道："看来这个道理你也懂得的啊，那你为何还要来问我呢？"作家一脸的迷惑，老师接着说道："你不是已经知道了你穿着自己身上的衣服就已足够了，如果再给你穿上更多华美的衣服，你会感到身上很沉重的，你会觉得整个人会不舒服的。你难道还不明白你只是一个作家，并不是一个交际家，也不是一个演说家，更不是一个政治家，你为何要去扮演这些原本就不属于你的多种角色呢？而且还受着外面众多的诱惑，你这不是自找苦吃、自找罪受吗？"

作家听了老师的话恍然大悟，他对老师说："每一个人只能追求属于自己的东西，做好自己力所能及的事情，才能得到真正的快乐与幸福，其人生也才会轻松愉悦！"

一语点醒梦中人，作家郁郁寡欢的症结被老师一语中的。作家成名之后，随之而来的交际应酬、演说演讲、接受采访等，均已超出了作家的能力范围。但他不愿意放弃这些事物带来的名利享受，在不自觉中使得自己的身心均为名利所束缚，从而觉得成名之后的生活很苦很累。

有时候，我们总会觉得自己拥有得还不够，总觉得他人比自己过得要好。于是千方百计去追逐，得到了，无比高兴；一旦没得到或失去，无比沮丧。然而生活常常是矛盾的，就像你得到了学习的机会可能就没有时间与好友去游山玩水了，或者选择了某个你并不喜欢的专业而放弃了曾经的梦想，等等。生活中，很多事情看起来似乎都是那么矛盾，但生活就是这样的取舍关系。好高骛远不切实际的追求，其实是对生命和心灵的一种摧残，是自寻烦恼与自讨苦吃。生活一定要平静，人一定要"心无长物"，才能安享生命过程中的各种"滋味"。

时时修正自己

南怀瑾在《学佛者的基本信念》中说，所谓修行，其实就是彻底修正自己的心性行为，由里至外，巨细靡遗，完全加以确确实实的检点与改善，此即是作为一个修行人至死不渝的生命主题，必须永远追求达成的生命事业。

从前有一个守财奴，拼命挣钱却又不舍得给自己和家人花，用自己的大半生积攒了3万两银子。终于有一天，守财奴决定拿出一部分银子来享受一下豪华奢侈的生活，然后再给自己下半生怎么过做一个简单的计划。

可是，就在他准备去好好享受的时候，一个小鬼来到他的面前，并且很认真地告诉他，他的生命已经走到了尽头。这时候，守财奴有些恐惧和惊慌了，他费尽口舌，拿出一些积蓄来跟小鬼谈判，请求小鬼改变他的主意，让他再多活几天，谁知道小鬼就是不松口。于是，他又拿出更多一些银子来诱惑小鬼，并把筹码升了又升，最后对小鬼说："三天吧，就再多给我三天吧，我把我所有财产的三分之一都分给你，我只想换取三天的时间。"小鬼依旧无动于衷，仍然坚持要结束他的生命。守财奴说："如果你让我在这世界上再多活两天的话，我立即给你三分之二的财产。"小鬼还是不理会他，甚至在守财奴提出将自己的全部积蓄都给他来换取自己的生命时，小鬼也没有同意。守财奴实在是没有办法了，只好绝望地说："那么请求你开恩，就给我一点点时间，让我写几句话留给我的家人吧。"这一次，小鬼答应了他的请求。守财奴写下了下面一些话："生命是宝贵的，除了你的生命之外，没有什么是真正属于你的了。所有的财富都买不到一点点生命。"

看到守财奴发自内心的忏悔，小鬼笑了，并且对他说："你现在才是真正懂得了生命的意义。"

六祖惠能禅师曾经写下一首非常著名的诗：菩提本无树，明镜亦非台。本来无一物，何处惹尘埃。

这首诗是说世上本来是空的，世间万物脱离不了一个"空"字。而人的心也本来是空的，无所谓抗拒不抗拒外面的诱惑。任何事情都可以从心而过，不留痕迹。当然，这是佛家所言做人的最高境界，而现实中的人们大多属于凡夫俗子，随着年龄增长，阅历增多，心中"挂牵"越发堆积，想要任何事物从心而过不留痕迹不太可能。因此，不必强求自己事事都要做到佛家"万事皆空"的境界，只是别将名利财富这些身外之物看得太重，让"心"承受不住，偶尔的"追名逐富"还是可以的，目的是让自己生活得更好。当然，时时修正自己的心性，不让自己的内心染尘，就会少掉许多纷扰，多多享受宁静的快乐。

人间沧海能变桑田，一个人如果能够真正理解舍得的正确关系，那么无论面对世事"翻云覆雨"，变幻莫测，也不会干扰属于自己心中的那一方净土。

一天，无德禅师正在禅院里锄草，这时，迎面走来了三位上香之人，并向他施礼，说道："人们都说佛教能够解除人生的痛苦，但我们信佛多年，却并不觉得快乐，这到底是怎么回事呢？"

无德禅师放下了手中的锄头，安详地看着他们说："想快乐并不难，首先要弄明白自己为什么活着，你们说说各自为什么活着？"

三位上香之人你看着我，我看着你，竟然没有料到无德禅师会向他们提出问题。

过了一会儿，甲说："人总不能不死吧！死亡太可怕了，所以人要活着。"乙说："我现在拼命地劳动，为的就是自己老了的时候能够过上粮食满仓、子孙满堂的幸福生活。"丙说："我可没有你们那么高的奢望。我必须活着，否则我的一家老小靠谁来养活呢？"

听完三个人的回答之后，无德禅师笑了，对他们说道："怪不得你们都活得不开心，你们想到的只是死亡、年老、被迫劳动，而不是一种催人奋进的理想、信念和责任。没有理想、信念和责任的生活一定是很疲劳、很累的。"

上香三人不以为然地说："理想、信念和责任，说说倒是很容易，但是总不能当饭吃吧！"

无德禅师说："那你们说有了什么才能使自己快乐呢？"

甲说："有了名誉，就有了一切，就能快乐了。"乙说："有了爱情，才有快乐。"丙说："有了金钱，就能快乐。"

无德禅师说："那我提个问题，为什么有人有了名誉却很烦恼，有人有了爱情却很痛苦，有人有了金钱却日夜忧虑呢？"三位上香之人无言以对。

无德禅师说："人来到世间，奉献是责任，助人是快乐，爱人是财富。人固有一死，但快乐活一生才是最重要的。"

或许很多时候，我们有过这样或那样的心理矛盾、疑问，甚至处于苦恼、不堪之中，但即使这样，我们也要时时修正自己，经常反省自己，问问自己究竟为什么活着？因为生活不仅赋予我们生的权利，同时也给了我们一些必须要去完成的义务，而奋斗着，拼搏着，助人爱人等都是生活的常态。很多人认为，做一个自食其力的人是基本的做人底线，这是对的，但同时，我们还要学会承担社会及家庭责任与义务，尤其在压力与挑战面前，不能只看到压力，而没有看到挑战，不能只去"索取"，而做不到"舍得"。人生机遇诸多，正确对待舍与得，就能获得生活给予的美好回报。

昂首和低头都是人生常态

南怀瑾说：只要到妇产科去看，每个婴儿都是四指握住大拇指，而且握得很紧；再到殡仪馆去看，结果，那些人的手都是张开的，已经松开了。人生下来就想抓的，最后就是抓不住。

一只蝴蝶从敞开的窗户飞进来，在房间里一圈又一圈地飞舞，有些惊慌失措。显然，它迷路了。它左冲右突努力了好多次，仍没有飞出这房子。

这只蝴蝶之所以无法从原路飞出去，原因是它总在房间的顶部空间寻找出路，总不肯往低处飞——那低一点的位置就有敞开着的窗户，也就是它飞进来的那扇窗户。甚至有好几次，它都飞到高于窗户顶部至多两三寸的位置了，可就是不肯再飞低一点！最终，这只不肯低飞的蝴蝶耗尽了气力，气息奄奄地落在桌子上，就像一片毫无生气的叶子。

在我们的生活中，也有很多人像这只蝴蝶一样，不懂得"低头弯腰"，只知向上"拼搏"，最终什么事也办不成。"低头弯腰"和昂首挺胸一样，在生活中缺一不可。总低头弯腰不敢昂首挺胸的人做不成大事；总昂首挺胸不知低头弯腰的人也做不成大事，中国有句老话，学会把"百炼钢"化为"绕指柔"，以柔克刚、刚柔相济才是做大事的最高境界！

有人问哲学家苏格拉底："请你告诉我，天与地之间的高度到底是多少？"

苏格拉底答："三尺！"

"胡说，我们每个人都有四五尺高，那人还不把天给戳出许多窟窿来？"

苏格拉底微笑着说："所以，凡是高度超过三尺的人，要能够长久地立足于天地之间，就要懂得低头呀！"

有些人一方面抱怨自己的人生之路越走越窄，看不到成功的希望；另一方面又因循守旧、不思改变，习惯在"老路"上继续走。其实，天生我材必有用，创新才是硬道理。如果我们在人生之路上常能调整一下自己，改变一下思路，也许就会出现"柳暗花明又一村"的无限风光。

富兰克林年轻时曾去拜访一位德高望重的老前辈。那时他年轻气盛，挺胸抬头迈着大步走进门，谁知，他的头狠狠地撞在了门框上，疼得他一边不住地用手揉，一边看着比他的身子矮一大截的门。

出来迎接他的前辈看到他这副样子，笑笑说："很痛吧！可是，这将是你今天访问我的最大收获。一个人要想平安无事地活在世上，就必须时刻记住：该低头时就低头。这也是我要教给你的学问啊。"

富兰克林把这次拜访得到的教导看成是一生最大的收获，并把它列为一生的生活准则之一。后来，他在一次访谈中说："这一次的撞头启发了我，让我从此懂得了行走社会不仅有昂首，而且有低头。"他的言外之意即是：做人不可无骨气，但做事不可总是昂着高贵的头。

南怀瑾认为学会"低头"，学会"认输"，是人成熟的表现。"低头"，看起来很简单，但做到是需要勇气的。当一堆巨石被山洪冲到草地上，把一片小草压在下面时，小草为了能呼吸到清新的空气，享受那温暖的阳光，会改变生长的方向，沿着石间的缝隙成长，直至弯弯曲曲地探出了头，冲出了乱石的阻隔。倘不这样，直来直去，小草可能就出不了头，甚至失去生命。

人生在世，对于外界的压力，要尽可能地去承受；在承受不住的时候，弯曲一下，灵活地拐个弯，低个头，也许就有了新的出路。"低头"不是"认输"，"低头"不是"妥协"，是战胜困难的一种理智的思考；"弯曲"不是"倒下"，而是为了更好、更坚定地站立；"妥协"也不全是"退让"，而是为了退一步前进两步，更加海阔天空，为了生命那张能笑到最后的灿烂的脸。

当生命的重荷负载过多时，不妨"低一低头、弯一弯腰"。只有学会"低头、弯腰"，才能正视自己的问题。我们每个人不管是什么身份、什么地位，在一生之中，都不可能不说错话、不办错事。既然谁都无法避免错误，那错误就不是什么大不了的事情了。所以学会"低头、弯腰"，而后知道自省、学习，就能避免铸成大错误，不致抱憾终身。那些从来不知道"低头、弯腰"的人，终有一天会摔跟头，跌得遍体鳞伤，甚至落入别人的陷阱。因为总是头颅高昂、逞强好胜而不懂得"低头、弯腰"的人，免不了会撞上"挫折"被弄得头破血流。而一味地刚强，一味地硬撑，一味地"昂首"，只会给自己带来不必要的伤害甚至牺牲。人只有做到刚柔互济，懂得"低头、弯腰"，懂得保护自己，才能让自己立于不败之地，并取得最终的成功。

有一家学院，在正门的一侧开了一个小门，正门进小门出。这个小门只有 1.5 米高，40 厘米宽，一个成年人想要过去必须低头侧身，不然就会碰头。

这是一个小小的细节，很多人都没有在意，但正是这个细节让许多来此学院学习的人顿悟，认为只有学会"低头、弯腰"和"侧身"，暂时放下"尊贵"和"体面"，方能"平安"出来。

其实，人生的哲学何尝不在这道"小门"里？在大门前，我们固然不必弯身而过，但是，并不是所有的地方都有大门。所以，我们应该懂得在"小门"前"屈身"。

古语说，丈夫之志，能屈能伸。

在乌江之畔、芦荻声中，项羽最终陷入十面埋伏，英雄末路，只有悲壮。但这时，有一道"小门"打开了，有个渔夫摇船救他来了，虽然只是很小的一道门，似乎容不下这个只懂得大挥洒、大放纵的西楚霸王，但只要他肯弯一弯腰，收起那"暗恶叱咤，千人皆废"的匹夫之勇，横过江东去，没准"江东子弟多才俊，卷土重来未可知"了。然而，项羽没有那样做，他不弯腰，不低头，他不要别人"怜而王我"，不走"小门"最终选择了自刎。

项羽如此做法，我们不去评价，俗话说：仁者见仁，智者见智。但当我们站在人生路上的多个"小门"前，我们不必"大鹏展翅恨天低"，而要尽量做到"尺蠖之行，以屈求伸"！因为这样，我们才能更快实现自己的愿望。

苛刻要求别人，孤立的只是自己

南怀瑾说：人不能有"察察之明"，太过精明，眼里一点都不揉沙子，不会装糊涂，这就是居上不宽。有句话叫："金无足赤，人无完人。"若是人不能容忍他人有一丁点的缺点，那就是对人苛刻了。

古语说：天下无全才，不必对人求之太严。如果要求过严，希望别人都是圣人、全才，在道德上人人如孔子，而防他人又如防土匪，用他人又随便用得像机器，这是不可以的。居上要宽是宽容的高境界。

北宋名臣吕蒙正以温良恭厚著称，他不喜欢记着别人的过失。在他初任参知副宰相时，第一次以这个身份踏入朝堂，就有一位中央官吏在朝堂帘内指着吕蒙正说，"这小子也能当上参知政事呀？"吕蒙正装作没有听见而走过去了。

与吕蒙正同在朝班的同事非常愤怒，下令责问那个人的官位和姓名。

吕蒙正急忙制止，不让查问。下朝以后，那些与吕蒙正同在朝班的同事仍然愤愤不平，后悔当时没有彻底查问。吕蒙正则说："一旦知道那个人的姓名则终身不能忘记，不如不知道那个人的姓名为好。不去追问那个人的姓名，对我来说也没有什么损失。"当时的人都佩服吕蒙正的度量。

班固在《汉书》里写道："水至清则无鱼，人至察则无徒。"在班固看来，能包容是勉励君子独立独行的意思，有些"大行不顾细谨，大礼不辞小让"的意味。我们现在对它作些引申，即人不能对别人要求太高，不然就会失去朋友，被人孤立。这对于我们的现实生活，无疑也具备指导意义。

生活中，很多人可以自己大声喧哗毫不在意，却难以容忍别人的大声喧哗；很多人常常自己会生气，常常会跟他人过不去，但当他人生气，他人跟自己过不去时，便指责他人心胸狭窄，性格小气。甚至别人占用提款机的时间稍久了点，也会很不耐，不免口中嘟囔几句。古人说得好："事之至难，莫如知人。"即世界上最难的事，大概就是去了解并理解别人了吧。所以，如果你平日对他人苛刻，或不能容忍他人的缺点，那么你真的需要去改变自己的心态了。

邴吉是汉宣帝时的丞相，以知大节、识大体著称。尤其是对下属，从不求全责备。对表现好的下属，他大力加以表彰；对犯了过失的下属，只要是能原谅能宽容的，他都尽可能地谅解他们。

邴吉的车夫嗜好饮酒，曾跟着邴吉出行，醉酒呕吐在丞相车上。他的属官把实情告诉邴吉，并要求赶走车夫，邴吉却说："因醉酒的失误而赶走他，这人将在何处容身？你只管容忍他，这只不过是玷污了丞相车上的垫褥罢了。"邴吉没有赶走车夫，车夫也因此很感激邴吉。

后来，车夫在一次外出时，恰巧遇见边郡发送紧急公文急驰来到。车夫乘机从送公文的驿骑那里求取到了消息，得知敌人入侵云中、代郡，他便急速回相府见邴吉报告这情况。没过一会儿，宣帝召见丞相和御史，把敌人入侵郡吏的情况拿来问他们，邴吉一一答对。御史大夫仓促间不能知道详情，因而受到责备；而邴吉被认为能为边务与职守忧虑，得到了奖赏。邴吉于是感叹说："士没有不能容的，人的才能各有所长。假使我不先听车夫说知此事，还有什么功劳能受到褒奖呢？"众人听后更加认为邴吉贤能。

孔子说："薄责于人，则远怨矣。"意思是说，少责怪别人，对别人多谅解、多宽容，这样人就能远离怨恨了。生活中拥有良好人际关系的人往往度量、心胸较大，多是能容忍别人的一些缺点和毛病的人，碰上他人对自己"不恭"也总能给对方留余地，所以，他们的人际关系能够稳定和谐地延续下去。

《汉书·成帝纪》有这样一段话："崇宽大，长和睦，凡事恕己，毋行苛刻。"即讲宽人克己是人的美德。好人缘不是说出来的，而是做出来的。

金庸在谈到他的小说时说，他最喜欢的人物是段誉，喜欢的功夫是"亢龙有悔"，因为这两者都是不做绝而留有余地，如同佛家有言，不争不辩，方显胸怀。一个人在面对他人诋毁、诽谤、流言等非礼行为时，要尽量平静心气，不去论争、辩解，让他人一步，自己多吃些亏。否则，针锋相对，轻者结仇，重者大打出手，两败俱伤，于人于己没有任何好处。当然，人都是有情绪的，面对他人挑衅、为难、诽谤，做到不生气、不愤怒似乎不太可能。但人生在世，岂能事事皆顺自己心意？

细观生活，矛盾情仇处处有，恩怨是非时时在。世上没有完美无缺的人，就是我们自己也有缺点，也会在自己不明情况下冒犯他人或在不经意中"侵犯"他人。因此，遇到不满之事动辄大吵大闹、论对论错，或冤冤相报、拳脚相向、针锋相对，非但抚平不了心中创伤，还只能将双方捆绑在无休止的争斗中而平添怨气、怒气，直至两败俱伤。

风物常宜放眼量。一个人只有能够有效控制自己情绪，不苛刻他人，严格要求自己，才能在社会上立足。当然，"制怒"非常重要。人要有能伸能屈的胸怀，要有能控制自己情绪的能力，要有"吃得小亏"、"忍辱负重"的意识，要有"拿得起，放得下，看得开"的胸怀，要学会控制，学会忍耐，学会理智处理问题，这对树立积极的人生态度是有很大好处的。

古代有这样一句名言："聪明要刚刚好。"不聪明让人着急，太聪明让人嫉。这段话是说，我们也许能够明察别人的错漏，但是有的时候要选择不说出来，不让彼此"难堪"才算是真正的"聪明"。正所谓："明有所不见，聪有所不闻，举大德，赦小过，无求备于一人之义也。"我们不做一个拘泥于小节小过的人。

无菌的环境的确卫生，但人却无法生存；手术室里的无影灯之下最亮堂，却也最刺眼。少一点苛责，多一点和睦，你会发现新朋友越来越多，老朋友相处越来越融洽。

人生有时需要顺其自然

南怀瑾在讲《金刚经》时曾说："佛经上有这么一个比喻，说有一种鸟叫巢空鸟，它不栖在树上，它的窝在虚空中，在虚空中生蛋，在虚空中孵小鸟，归宿也在虚空中。这个鸟永远捉不住，来去无踪，所以叫巢空鸟。本来鸟在虚空中飞，飞来飞去不留痕迹……水上的波纹画过了，也没有了。水波纹是你看到的，不能说没有，但是它过后就没有了。所以这些都是'偶尔成章似锦云'，都是偶尔构成了文章，或一幅美丽的图画。"

南怀瑾通过巢空鸟实际上讲述了人生中有些事需要顺其自然的道理。

小和尚跟老和尚出去历练，俩人漫无目的地行走着。走着走着，小和尚突然停下脚步对老和尚说："师父，咱们这样走要走到什么时候啊？"

老和尚微微一笑说："走到你开悟的时候。"

一日，他们路过的地区正在发洪水，俩人急忙走到一座小山上避险。

看到山脚下的水位越来越高，小和尚苦着脸对老和尚说："师父，咱们还是走吧，这里太危险了，洪水马上就要冲上来了。"

老和尚摇摇头，对他说："山下就没有洪水了吗？等等吧，水退咱们就走。"小和尚没有办法，只有日夜念佛，祈求佛祖保佑。

三天之后，洪水退去。老和尚笑着对小和尚说："三天之前，你可曾想到今天洪水会退去？"小和尚挠了挠头，若有所思地看着远方。"记住，不管遇到什么事情，不要惊慌，一切都会过去的。"老和尚语重心长地说道。

南怀瑾在讲解佛经时常说："禅宗祖师有一句话：'如虫御木，偶尔成文。'是说有一只蛀虫咬树的皮，咬出的形状构成了花纹，使人觉得好像是鬼神在这棵树上画了一个符咒。其实那都是偶然撞到的，偶尔成文似锦云，当然有时候也蛮好看的。这就说明，一切圣贤说法以及关于佛的说法都是对机说法，都是偶尔成文，过后一切不留。"对机说法，是句禅语，指顺其自然产生的思想。

有一个美丽的女孩，偶然得到了一个神秘的宝盒。宝盒做工精美、花纹古朴，一看就知道不是凡品。女孩非常想知道里面装着什么宝物。一个宁静的夜晚，女孩把玩着宝盒，一个不小心，宝盒从手中滑落，坠落到地上。一个晶莹如水的水晶球悄然碎裂，散落的光华坠落一地，顿时，绚丽的光芒开始在屋内闪烁。就在那一瞬间，女孩被震惊了，她太喜欢这个水晶球了，可惜的是第一次看到就碎裂了。之后，女孩一直希望有一天能再次拥有一颗同样璀璨的水晶球。

一晃过了好几年，女孩再没有得到过如那个令她像梦一般的水晶球。其间有很多想获得女孩垂青的年轻人送过水晶球，但是没有一个水晶球能让女孩满意。女孩拿自己的婚姻赌，她说只有拿来让她满意的水晶球她才嫁。又是几年过去了，那些曾经送水晶球给女孩的人，都把水晶球送给了别的女孩。女孩仍在等待。尽管多年的等待和孤单已经使女孩非常疲惫了，但她还是不想放弃那绚丽的光芒。

后来一天晚上，女孩又得到了一只水晶球，她因为是在晚上得到的，觉得很像以前自己拥有的那只，她觉得自己太幸运了，她认为水晶球太完美了，但当太阳出来的时候，女孩再次拿出水晶球欣赏，却突然发现水晶球不再闪亮剔透，原来水晶球的表面只是被涂了一层荧光粉而已，擦掉荧光粉后，只是一个价格低廉、随处可见的玻璃球。女孩呆了，她不明白，为什么原本美好的东西会变成这样。她不敢相信，自己翘首苦盼的东西竟是这样。

女孩找到了一个有名的智者，向他请教。智者微笑着告诉她："涂了荧光粉的玻璃球，在晚上都很漂亮；但是失去了荧光粉的玻璃球，一点光芒也不会发出。很多事情，在你不了解其本质的时候，是不能说你了解的，有些事情当你看清了它的本质以后，你还会继续那么喜欢它吗？所以，水晶球即使它是真正的水晶做成的又能怎么样呢？人绝不能去追求一个虚幻的东西，更不应该为了虚幻的东西而错过身边的美好。"

古人说：得失往来都不是。对有些事太刻意追求，有时反而得不到，而有时的顺其自然也许会曲径通幽，既探究了本质，还不为其所束，而这亦是最美好的一种生存方式。

过程的精彩才是追求的一种境界

南怀瑾曾说过这样一件逸事：

"有一次，我从台北坐火车旅行，与我坐在同一个双人座的旅客，正在看我写的一本书，差不多快到台南站，见他一直看得津津有味。后来我与他交谈起来，谈话中他告诉我说：'这本书是南某人作的。'我说：'你认识他吗？'他答：'不认识啊，这个人写了很多的书，都写得很好。'我说：'你既然这样介绍，下了车我也去买一本来看。'我们的谈话到此打住，这蛮好。如果我当时说：'我就是南某人。'他一定回答说：'久仰，久仰。'然后来一番当然的恭维，这一俗套，就没有意思了。"

南怀瑾重视的是与那人交谈的过程，相处的平等气氛，而不是报上自己大名之后得到的仰视和客套。这是一位真正的大师对于人生的理解，过程或许平淡，但常常绝不失精彩。

西哲有云：人生最大的快乐不在于占有什么，而在于追求什么的过程中。我们的一生总是在追求快乐，却不知道在追求快乐的过程中，一路上的景致才是我们最应重视的。很多人认为追求到了目的才是人生不遗憾的事，面对沿途的美景却认为不值得投入精力、时间，其实，沿途的美景才组成了幸福快乐的全面，才使人看到了人生的多姿多彩。

一只小狐狸来到一座葡萄园，可它太胖了，钻不进栅栏里去。于是它三天三夜不饮不食，终于使身体消瘦了下来。小狐狸钻进栅栏，大饱口福。等它心满意足想要出去的时候，却发现自己又太胖出不去了。小狐狸只好故技重施，又是三天三夜不饮不食，饿得和先前一般瘦，才从栅栏里钻出来。

小狐狸想想自己的遭遇，觉得自己白饿了六天六夜，什么也没落着，因此很伤心。它的朋友乌龟知晓后却对它说："你并非一无所得，你证明了你自己，你可以为了目标而付出艰辛的努力，你既能吃很多苦，同时又达到了你的目的，你的的确确尝到了美味的葡萄，难道这些还不够吗？"

禅宗有一句诗："佛不渡我我自渡，不为彼岸只为海。"意在提点世人，不要只为达到理想的彼岸忙忙碌碌，而忽略了到达彼岸时要经过的美丽的"海"。任何过程不仅有坎坷，但也有美丽，是充满现实意义的，并非相较于结果就一文不值，换句话说，有的时候结果不尽如人意，但过程却万分精彩。

台湾作家三毛在穿越撒哈拉沙漠的过程中对生活不断领悟与反思，于1975 年出版了自己的第一部作品《撒哈拉的故事》；贝多芬在失聪后，继续顽强地用心灵去碰撞钢琴的黑白键，这才写下了无数动人的曲子；梵·高作画时，总是无比地投入和亢奋，去世之前却并没有暴得大名，只在身后作品卖出天价。这都是过程给予人的"赏赐"，过程是铸就结果的第一功臣，我们不该忽视它、贬低它。同样，过程也是一个成长的过程。孔子寄望"闻达于诸侯"，然而孔子事鲁，仅被授以礼乐之官，这与他的"彼岸"相去甚远。但此时他看到了"海"，于是收三千弟子，著作《论语》，最终成为至圣先师。可见，过程的充实与丰富，让人生命中充满欢乐，使结果拥有了非凡的价值与意义。

从前有个小巷子，又黑又窄，每到晚上行路非常不方便。然而每个晚上，都有三盏灯笼挂在小巷中的树杈上给人照亮，每到这时，巷子里的人都会说："瞎子又给大家照亮了。"

原来巷子里有一户瞎子人家，每到晚上就出来挂灯。人们问他为何这样做，他说："我听人们说，晚上在没有灯的路上，人们会碰撞，所以我挂灯，省得路人看不清路。"这个瞎子的做法真的是令人感动。

在人生的大道上，重视过程绝对是最具"效益"的一项投资。因为在这个过程中，你的心情和灵魂得到了愉悦、提升、净化，你的心胸变得宽广，你的智慧更趋为成熟，因为你对"付出"有了进一步的认识，你就会收获更多惊人的"回报"。世间的得失与取舍都是相通的，而过程也是不容忽略和省略的，培养自己重视过程的意识十分必要，因为人生之路是通往崇高目的的必经之路。

我们需要重视结果，但更需要注重过程，如同明月照花，在形成风景的同时让自己也成了风景。有一首诗写得好："你站在桥上看风景，看风景的人在楼上看你。明月装饰了你的窗子，你装饰了别人的梦。"过程和结果是相辅相成的，当我们选择把过程的精彩作为人生追求时，我们也就超越了平凡与固执，拥有了不断前行的不竭动力。

不做谣言的传播者

南怀瑾在《论语别裁》里写道："看东西要看得清楚，但这并不是指两

个眼睛去看东西……讲精神上对任何事情的观察，要特别注意看得清楚。

同样听了别人的话以后，也要加以考虑，所以谣言止于智者。我经验中常

遇到赵甲来说钱乙，钱乙来说孙丙，我也常常告诉他们说，这些话不必相

信，只是谣言，听来的话要用智慧去判断。"

明代冯梦龙说："街市无根之语，谓之谣言。"无根之语，意思就是毫

无根据的事情被说成了有事实根据的话。那么谣言有哪些可怕之处呢？看

了下面几个故事就能明白了。

三国时蜀国宰相诸葛亮意欲伐魏，却忌惮"司马懿深有谋略"，便以司

马懿准备造反之名"作告示榜文，遍贴诸处"。魏明帝曹睿见到揭帖大惊，

差点下诏杀了司马懿，后在几位重臣保奏下降旨，将司马懿削职回乡。诸

葛亮闻之大喜曰："吾欲伐魏久矣，奈有司马懿总雍、凉之兵。今既中计遭贬，吾有何忧！"于是满怀信心地率兵出川伐魏。

反之，司马懿与诸葛亮交战失利，正无计可施。恰好蜀军中解送粮草之人，因好酒误了期限，被诸葛亮以军法责打，押送粮草的都尉苟安，心中十分怀恨，连夜引亲随五六骑，径奔魏军投降。司马懿眉头一皱，计上心来，以牙还牙，派苟安"回成都布散流言，说孔明有怨上之意，早晚欲称为帝"，宦官听说，便报告给了后主刘禅，后主立即遣使星夜把诸葛亮从前线召回，司马懿便得意扬扬地带兵回了中原。

《史记·甘茂列传》记载：过去鲁国有个跟曾参同姓名的人杀了人。有人就去告诉曾母说曾参杀了人。曾母认为自己的儿子不可能杀人，于是仍在织布机上坦然织布。但架不住有人接二连三地来报曾参杀人的消息，曾母终于扔下梭子，下了织布机，爬墙逃走了。

从上述例子，我们可以看出谣言是非常可怕的东西，尤其流传开来，破坏性极大，很多人因为谣言受中伤；很多人因为谣言不明事理，所以对于谣言，每个人都应抵制，每个人都应该成为智者，将谣言止于自己，不做传播者，不做扩散者。下面我们来看看苏格拉底是怎样面对谣言的。

有一次，苏格拉底的一位门生匆匆忙忙地跑来找苏格拉底，边喘气边兴奋地说："老师，我要告诉你一件事，简直难以想象……"

"等一下！"苏格拉底毫不留情地制止他说："你告诉我的话，用三个筛子过滤过了吗？"

他的学生不明白老师话中意思，不解地摇了摇头。

苏格拉底说："当你要告诉别人一件事时，至少应该用三个筛子过滤一遍。第一个筛子叫作真实，你要告诉我的事是真实的吗？"

"我是从街上听来的，大家都这么说，我也不知道是不是真实的。"

"第二个筛子叫审查，你应该去看看事实，如果不是真的，至少也应该是善意的，你要告诉我的事是善意的吗？"

他的学生羞愧地低下头说："不，正好相反。"

苏格拉底不厌其烦地继续说："那么我们再用第三个筛子检查看看，你这么急着要告诉我的事是重要的吗？"

"并不是很重要……"学生几乎无言以对。

苏格拉底打断了他的话："既然这个消息不重要，也不是出自善意，更不知道它是真是假的，你又何必传呢？传了只会造成我们两个人的困扰罢了。"

苏格拉底接着对学生教导道："不要听信搬弄是非的人或诽谤者、流言传播者的话，因为他们说这些大多不是出自善意的，传谣言者会揭发别人的隐私，当然也会同样地对待你。"

看看，苏格拉底既不做谣言的始作俑者，也不做受人利用混淆是非的谣言传播者，他是一个真正的智者。

一个人轻信谣言或被谣言左右，会给人留下轻信、无主见的印象，所以，保持心灵的纯洁，从正确的途径获取信息，用一颗正直的心去面对人生，以正当的手段去做事，抱着"耳听为虚，眼见为实"的做人做事态度，亲自观察、亲身体会，才不会或者才可以尽量避免受谣言所惑。

人要随时保持自己冷静的思考，要控制自己的好奇心，尤其坚守不偏听偏信的信念，哪怕谣言再大，再耸人听闻，也不能动摇自己的信念——成为谣言的传播者。对待任何事，人只有自己学会了判断，从事实出发，才能够明辨更多的是非，才能够探得事情真相，才能更好地处理生活中的种种繁杂事物。

人的命运之绳是握在自己手中的，想快乐，想自由自在，想心灵纯洁清净，要身在"局中"心在"局外"才行，而要做到这些，需要具备高尚的修养和优良的素质。

第三章

智者，知人不一定知己，

知外不一定知内；

而明者，知己知人，

内外皆明

把住说话 "关"

南怀瑾认为，人说话要格外注意分寸，既不可把话说狠，更不能把话说绝，说话必须态度好，用商量的口吻，语气应和蔼温顺，不能以家长、领导者自居，觉得老子天下第一。说话也不能用命令的口吻，那样做，不得人心。

古时，一个大户人家，因为人口多，每天要用掉很多水，家里没有井，就雇了一个人专门从河里往家里挑水。后来，为了节省劳动力，这家的老太爷决定在自家的院子里挖一口井。井终于挖成了，再也不用雇人挑水了，老太爷笑呵呵地对帮他挖井的人说："再也不用雇人挑水了，家里挖了一口井，就好比在家里多出了一个人。"

结果，那帮忙挖井的人把老太爷的这句话讲给了邻居听，邻居把这话又讲给了他的邻居，邻居的邻居又把这话讲给了其他邻居，最后口口相传，老太爷的话传到外村的时候，已经变成了"井里挖出了一个人"。

这件事情给这个大户人家带来了"麻烦"，因为官府来人了，到他家里质问，老太爷一头雾水，不明所以，他怎么也想不到自己的一句无心之言居然把事情搞成了这个样子。

有一句谚语说得好："一个人由舌头造成的失误，要比他的双脚所造成的多。"所以，说话真的要注意。该说时，不说不行，有些话说多了也不行。该说时不说，既是对人的不礼貌，又表明你说话有障碍。说话的度非常重要，同时说话还要看对象，看场合。夸夸其谈的人，好像自己眼界开阔，知识渊博，积淀丰厚，但给人的感觉会是轻薄、肤浅和狂妄。还有的人，说话太冲，只管自己嘴上痛快，想说什么就说什么，毫无遮拦，毫无回避，往往说话中无意伤害了他人。

智者慎言，但慎言不完全是沉默，有人说沉默是金，这话只对了一半；慎言也不完全是"欲说还休"，更不是对人不说真言。慎言就是要考虑到自己说的话是否有利于团结，是否有利于大局，是否有利于稳定，是否有利于推动关系的融洽。有利于大局、团结的，就多说，而且要敢说，要畅所欲言；不利于大局、团结的，就不说。慎言实际上是对自己说的话要能够负责任。

孔子曰："多闻阙疑，慎言其余，则寡尤；多见阙殆，慎行其余，则寡悔。言寡尤，行寡悔，则禄在其中矣。"就是说，人要多听，有怀疑的地方，宁可保留不说，有把握的事情，要谨慎地说出，这样就能减少错误；人要多看，有怀疑的地方，要加以保留，如果非常自信，也要谨慎地说出，这样能减少后悔。一个人若能够做到言不招责，行不招悔，就不愁没有好的发展了。

我国古代有一个"以礼问路"的故事，说的是有位从开封到苏州去做生意的人，在去苏州的路上迷失了方向，在三岔路口上犹豫不定。忽然，他看见附近水塘旁边有一位放牛的老人，就急忙跑过去问路："喂，老头！从这里到苏州走哪一条路对呀？还有多少路程呀？"

老人抬头见问路的是一个三十多岁的人，衣冠笔挺，人也看着整齐，但因为他没有礼貌，心里非常反感，于是就说："走中间的那条路对，到苏州大约还有六七千丈远的路程。"

那人听了奇怪地问："哎！老头，你们这个地方走路怎么论丈而不论里呀？"老人说："这地方一向都是讲礼（里）的，自从来了不讲礼（里）的人以后，就不再讲礼（里）了！"

看看，说话要注意分寸和礼貌吧。还有，像别人的健康状况、有争议性的话题、东西的价钱等在问话、接话时都需要注意分寸，不可执意交谈，如果实在掌握不好"度"的话，大可以"闭嘴"，什么都不说，这样就不会"祸从口出"了。

人要有"守住嘴关"的重要性的意识，尤其在和别人交谈的时候，千万告诫自己注意说出的话。比如，对长辈用什么语气和敬语，对同事用什么语气和礼貌，对亲戚朋友和上司又要用什么语气和什么态度，说话过程中有哪些话可以说，哪些话坚决不能说，这些都要求你作充分考虑。

一语说得人跳，一语说得人叫，一个人若能够通过说话展现出自己的魅力，让别人看到你清晰的头脑，敏锐的逻辑，别人就会从心里信服你。

"免费的午餐"大多有"陷阱"

南怀瑾认为，世上没有免费的午餐，也没有白来的利益，不劳而获的"利"往往是"害"的影子。但偏偏有人抱着侥幸的心理，一次次被空幻的利益牵着鼻子走，一步步陷入"利"挖好的陷阱中。

古时有个读书人叫郑单，他博学，口才极好，本来是可以有所作为的，但他很爱占小便宜，一次他被一个骗子骗去了一大笔银子。郑单又气又恨，希望能抓住那个骗子。很凑巧，有一天，他在苏州的阊门居然碰上了那个骗子，但不等他开口，骗子就盛情邀请他去饮酒，并且诚恳地向他道歉，说是上次很对不起他，请他原谅，过两天就还他钱。

郑单相信了骗子。过了几天，骗子又跟郑单商量说："我们这种人，银子一到手，马上就都花了，当然也没有钱还给你。不过我有个办法，我最近一直在冒充'三清观'的炼丹道士。东山有一个大富户，和我已经说好了，等我的老师一来，就主持炼丹之事。可我的老师一时半会儿又来不了，你要是肯屈尊，权且当一回我的老师吧，等我从那个大富户身上弄来银子，我们对半分，作为我对你的赔偿，而且还能让你多赚一笔，怎么样呢？"

郑单听说有好处，就答应了那个骗子的要求。于是这个骗子就让郑单剪掉头发，装成道士，自己装作学生，用对待老师的礼节对待郑单。那个大富户与扮成道士的郑单交谈之后，深为信服。两人每天只管交谈，而把炼丹的事交给了骗子。大富户觉得既然有师傅在，徒弟还能跑了？不想，那个骗子看时机成熟，就携大富户的银子跑了。于是大富户抓住"老师"不放，要到官府去告郑单。倒霉的郑单大哭，然而等待着他的却是一场牢狱之灾。

郑单由于有占便宜的毛病，在利益面前便昏了头脑，甚至他都不思考一下，便答应了骗子的请求，与骗子同流合污，一起干起行骗的勾当。他没有想到，骗子许下的承诺是根本不可能兑现的。

所以，人不能抱着侥幸的心理，企盼拥有"免费的午餐"，更不能放弃自己的原则、底线，堕落成贪得无厌的人，故事中的郑单本被人骗，又参与去骗别人，被骗子利用，最终陷入牢狱能怪谁呢？

在诱人的利益面前，人应该先低声问问自己："这种好事怎么会落在我头上？"这样多一分小心谨慎，才能少一些危险和磨难。凡事有利必有害，而"免费的午餐"背后更可能隐藏着"大害"。从古至今，只有那些明是非、辨利害者，才能避免身受其害。

一头驴和一头牛关系十分好。它们经常在一起玩耍、吃草。一天，它们发现了一个农夫的果园，果园里有绿油油的青草，还有成熟的果子。于是它们偷偷地进入果园，在里面悠闲地吃着青草和树上的果子。

而农夫一点也没有察觉。驴子吃饱之后，很想引吭高歌一曲，牛就对驴子说："亲爱的朋友，看在上帝的分儿上，你就忍耐一下，等我们出了果园，你再唱歌吧。"

驴子说："我现在真的很想唱歌，作为朋友，你应当支持我才是。"

"可是，要是你一唱歌的话，我们的行为就会被农夫发现，到时我们就都跑不掉了！"

驴子觉得牛根本不能理解自己现在的心情，它说："我非常想唱歌，而且农夫怎么会那么巧就听到我在唱歌呢？"

牛摇摇头："不怕一万，就怕万一啊，万一农夫来了，我们可就惨了。"

"天下再也没有什么比快乐更舒畅的事了。可惜你对音乐一窍不通，我怎么找了你做朋友呀！"驴子说："我可不想压抑自己了。"

驴子终于没有接受牛的建议，开始高歌起来。它一唱歌，农夫立刻发现了驴子和牛，于是把它们全给逮住了。

驴子的侥幸心理，既害了朋友，又害了自己。驴子想唱歌表达自己兴奋的心情，这是可以理解的。但是，为了一时的宣泄而不顾情境是否危急，一时兴起就放纵自己，还心存侥幸，认为自己不会被捉到，最终只会酿成悲剧。

现实生活中许多人也是这样，一旦某事投机得手或侥幸得逞，就盲目乐观，并且不顾自己的真实处境，看不到自己面临的潜在威胁，控制不住自己的情绪，任性妄为，结果引火烧身，给自己和他人带来不必要的麻烦。

所以，要学会审时度势，不要有占便宜的心理，更不能有"就干这一回"的侥幸心理。

知错义改是智慧的表现

南怀瑾认为，承认自己是错的，并勇于改正，是有智慧的表现。然而很多人在遇到自己错了的时候，要么替自己辩解，要么找各种各样的理由为自己开脱。

富兰克林在年轻的时候，有好争辩的习惯。一次，一位教友会的老朋友把他叫到一旁，毫不留情地训斥了他一顿："你真是无可救药。你已经打击了每一位和你意见不同的人。你的意见变得太珍贵了，没有人能承受得起。你的朋友发现如果你在场，他们会很不自在。你知道得太多了，没有人能再教你什么，也没有人打算再和你说些什么，因为那样他们会吃力不讨好的，而且又会把彼此弄得不愉快。因此，你不屑于新知识，但是你的旧知识又很有限。"

富兰克林反思后接受了那位朋友的教诲。他真切地领悟到自己的确有些自我，他发现他正面临社交失败和社交悲剧的命运。他下决心要改掉傲慢、自我的习惯。

"我立下一条规矩，"富兰克林成为名人后说，"绝不准自己太武断。我甚至不准自己在文字或语言上有太肯定的意见表达，比如不用'当然'、'无疑'等，而改用'我想'、'我假设'、'我想象一件事该这样或那样'或'目前，我看来是如此'。当别人陈述一件事而我不以为然时，我绝不立刻驳斥他或立即指正他的错误。我会在回答的时候，表示在某些条件和情况下，他的意见没有错，但在目前这件事上，看起来好像仍值得商榷，等等。没多久，我发现我很快就有了收获：凡是有我参与的谈话，气氛都融洽多了。我以谦虚的态度来表达自己的意见，不但容易被他人接受，更减少了一些不必要的冲突。在我发现自己有错时，赶快承认后，甚至没有遇到什么难堪的场面；而我自己碰巧是对的时候，更能使对方不固执己见而赞同于我。"

"我最初采用这种方法时，确实和我的本性相冲突，但久而久之我就逐渐习惯了。也许50年来，没有人再听过我讲什么太武断的话，这也是我提交新法案或修改旧条文能得到同胞们的重视，而且在成为民众协会的一员后具有相当影响力的重要原因。我不善辞令，更谈不上雄辩，遣词用字也很迟疑，还会说错话，但一般说来，我的意见还是会得到广泛的支持。"

富兰克林知错即改的精神使他成为一代名人。

针对知错就改这一点，成功学家卡耐基也有同样的感受。

他说，"有一次，我的朋友艾伦请一位室内设计师为他的卧室布置一些窗帘。等账单送来，艾伦大吃一惊。过了几天，一位朋友来看艾伦，看到那些窗帘，问起价钱。当这位朋友知道窗帘的价钱后，他面有怒色地说：'什么？太过分了，我看那位设计师占了你的便宜。'"

"事实上，这位朋友说的的确是实话，可是很少有人肯听别人说自己判断失误的实话。艾伦开始为自己辩护。他说贵的东西终究有贵的价值，人不可能以便宜的价钱买到质量高而又有艺术品位的东西，等等。"

"第二天，又一位朋友来拜访艾伦，他开始赞扬那些窗帘，并表现得很热心，说他希望自己家里也购买得起像这样精美的窗帘。艾伦的反应完全不一样了。他说：'说句老实话，我觉得买得有些贵了，我所付的价钱太高了。我现在认为有点不合算，我开始后悔定了这些。'"

艾伦承认了自己买贵的事实。

生活中，是人就会犯错误，就会有迷失方向、认错形势的时候。忏悔是佛教中的一个名词，但在现实中，反省、三思、省察也是十分必要的。人不可能不犯错，不可能没有过失，尤其在与人交往的过程中，不可能和每个人都能成为朋友，不可能每个朋友都认同我们的主张。凡事一体两面，优劣兼具，人也是一样。因此，多反省自己，多宽容他人、他事，就成为提高自己道德修养的重要手段。

中国文化有"镜考"一说，意思是经常考校自己的行为，修身反省。"镜考"出自《汉书·谷永传》："愿陛下追观夏、商、周、秦所以失之，以镜考己行。"颜师古注："镜谓监照之，考，校也。"镜考是一种自我检查的活动，也是一种学习的能力，是认识错误、改正错误的前提。就算在平时看似风平浪静之时，也要时刻反省，防微杜渐，以防"千里之堤，溃于蚁穴"。

所以，当我们错的时候，要勇于承认错误，改正错误。如果他人有错，我们指出时态度要友善可亲，达到让他人改正错误的目的即可。当然，对自己要求严格，宽以待人，时时反省自己，自己纠错、改错更是必要。

正确认识你自己

南怀瑾认为老子的"知人者智，自知者明"的论断非常正确。他也多次用此话教导他的学生。"知人者智，自知者明"出自老子所著《道德经》，意思是"了解自己的人是明智的人，对自己有正确的认识是聪明的人"。

智，是自我之智；明，是心灵之明。也就是你了解别人，你是有智慧的；你能了解自己，你才是高明的。

曾国藩本是个文人，并不懂什么行军打仗的事，他直接指挥过几次战役：靖港之役、湖口之战、祁门之战，每次都是大败亏输。尤其是湖口之战，他差点被逼跳湖自尽，幸好被身边的卫兵及时拉住了。他由此认清了自己在指挥作战方面的不足，此后，他一直致力于调度将领，再不插手具体的作战指挥。曾国藩前后任用的将领有左宗棠、李鸿章、李续宾、李元度、曾国荃、胡林翼等人，而这些人都是鼎鼎大名的战将。

曾国藩认为，做人不仅要看到自己的长处，更要看到自己的短处，而且要勇于向别人承认自己的短处。他给曾国荃的信中写道："弟谓余用人往往德有余而才不足，诚不免此弊，以后当留心惩改。"即说明了认识自己的重要性。曾国藩非常了解自己的长处和短处，即他长于战略规划及组织建设，具体的业务层面不是他的长处。因此他对部属充分授权，放手使用而不包办。这样，部属既有成长空间，又有事业成就感，所以都很乐意为他效劳。

曾国藩还有一个特点，当他认识到了自己的不足，就着手去改变、去完善。他曾说他比较推崇的名家有两位，都是当时理学的重要代表人物。一位是大理寺卿唐鉴，曾国藩结识他以后，经常向他请教，并写信告诉友人说："我最初治学，不知根本，自从认识了唐鉴先生，才算从他那里学到了一点学问。"另一位是著名的理学家倭仁。倭仁每天从早到晚的言行饮食，都有札记。凡是自己的思想行为有不合乎义理的地方，都要记下来，以期自我纠正。曾国藩效仿倭仁：每天将自己的想法和行为都记下来，以便随时反省自己；他还为自己规定了12门课程，每天都要认真做完；他定期将所写笔记送交倭仁批阅。另外，曾国藩还与当时的一些京师名流学者结识，学习他们的长处。比如，何绍基擅长书法诗词，令曾国藩一生都很重视写字和作诗；吴嘉宾告诉曾国藩治学应专攻一门，曾国藩对此十分认同，多次写信给几位弟弟说："读经要专守一经，读史则专熟一代……诸子百家，但当读一人专集，不应东翻西阅。一集还没有读完，就不换读他集。"

曾国藩就是在这些人的影响下和自己的努力学习下，无论是性格还是行事方面都有了很大的提高，逐渐养成了沉稳凝重的个性，从此不论遇到什么事都能够从容不迫，应对自如。

可见，一个人只有养成严谨的做事态度，能深入地了解自我，才能有正确判断其他事物的基础。所以说，深刻地认识自己是进步与修身的基石。那么，"智"与"明"二者，哪个又更高一筹呢？古人说智者，知人不一定知己，知外不一定知内；而明者，知己知人，内外皆明。显然，"明"才是对本质的认识，才具有真正的无限性和客观全面性。一个人欲求真知灼见，必返求于认识自己。所以，只有自知之人，才是真正的觉悟者。

《战国策·齐策》中的邹忌就很有自知之明，他没有被旁人的吹捧冲昏头脑。他说："妾之美我者，畏我也；客之美我者，欲有求于我也。"这里，他把吹捧者的内心揭示无余，自然不会被"妾"和"客"之言所欺骗。

《太平广记》中记载了这样一则故事：一位监察御史文笔不行却爱好写文章，别人奉承他两句，他就拿出一部分钱财请客。监察御史的夫人劝他说："你并不擅长文笔，都是那些同事在拿你寻开心。"监察御史想了想，觉得夫人的话有道理，以后，不管别人再怎么说，他也不肯出钱请客了。

人贵有自知之明。自明，然后才能明人。自知之明与自知不明只有一字之差，却是两种截然不同的结果。自知不明的人往往昏昏然、飘飘然、忘乎所以，看不到问题本质，摆不正自己的位置，找不准人生行动的支点，驾驭不好自己的人生命运之舟。自知之明关键在于"明"字，即要对自己明察秋毫、了如指掌，遇事审时度势，善于趋利避害，人生道路才会越走越顺畅。

而从另一个层面上讲，自知之明更会求知求明，自知之明才会拼搏。人掌握的东西越多，越感到自己学识的短浅。知无止境学无涯，所以，自知之明是求知的不竭动力，求知是自知之明的升华。自知之明通过求知改变自己的无知无识，也是使自己达到自尊自重、自律自信、自立自强人生境界的基础。

人最大的困难是不能正确认识自己，尤其是不能认识自己的缺点和不足，所以，正确认识自己，特别是深入剖析自己的不足和缺点，在修养自己、磨炼自己的过程中不断改正错误，达到自知之明尤其重要。

人往往很容易看到别人的不好，甚至纠人之错觉得也十分容易。其实经常审视自己，发现自己有哪些不足，哪些应该改正，哪些应该避免这才是最重要的。人是为自己而活，对自己的不足和缺点，要有改过、纠正、甚至刮骨疗伤似的决心，这样年复一年地努力，才能成为一个修养高、作风正派的现代文明人。

古人说："知人者智，自知者明。"正确认识自己，端正心态，才能保持清醒头脑，认清事物本质，正确地对待自己和他人。否则，过于看重自己，或过于看不起自己，都会产生骄傲或自卑心理，影响自己做人处世的心态，使自己成为自己的"敌人"。

齐庄公乘车出游，看到路上一只小小螳螂伸出前臂，准备阻挡车子前进。庄公惊讶，车夫却说："这种虫子凡看到对手，均会这样，它们妄想以自己的力量阻挡对手，但没想到对手的力量有多大，常常被碾死。"这就是螳臂当车的典故由来。

所以，人若有自知之明，就能知是非、察事理、明清浊、正进退，减少行动的盲目性，不自卑自大，正确对待输与赢；还能心怀坦荡，安于贫贱，不贪图富贵，不怨天尤人，不苛求妄想，不盲目攀比，不自惭形秽。

客观地了解自己、认识自己，才会既不看低自己，又不看高自己；既能发挥自己之才，又不强己之难，这是一种明白、一种聪明、一种精明。

改正心智模式的缺点

南怀瑾认为，人要有选择改变自我心境而不是有选择改变外界环境的意识。很多人会认为无论哪方面自己都很强，因而别人必须听自己的，尤其在面对他人的不同意见或建议时，要么不予理睬，要么轻者指责他人愚笨，重者与他人争执。

有一个叫达马奇的人，每次一和人发生争执，就会以很快的速度跑回家去，绕着自己的房子跑上两圈，然后坐在地上喘气。达马奇工作非常勤劳努力，随着年龄的增长，他的房子越来越大，土地也越来越广。

但不管房子和土地有多大，只要他因与人争论而生气，或因自己原因生气，他还是会绕着自己的房子跑两圈。

"达马奇为什么每次生气都要绕着房子跑两圈呢？"所有认识达马奇的人心里都感到疑惑，但是不管他们怎么问，达马奇都不愿意说明。

直到有一天，达马奇很老了，他的房子和土地也更大了，他生气时，仍拄着拐杖艰难地绕着房子转，等他好不容易绕着房子走完两圈，太阳已经下山了，他太累了，坐在地上不停地喘气。

达马奇的孙子陪在身边，见他好些了，便说："阿公！您已经这么大年纪了，这附近没有其他人的土地比您的更大更广。您不能再像从前一样，一生气就绕着房子走。还有，您可不可以告诉我，您一生气就要绕着房子走几圈的秘密所在？"

达马奇说："年轻的时候，我一和人吵架、争论、生气，就绕着房子跑两圈，边跑边想自己的房子这么小，土地这么少，哪有时间去和人家生气呢？一想到这里，我的气就消了，把所有的时间都用来努力工作。"

孙子不解地问道："可您现在岁数大了，又成了最富有的人，为什么还要绕着房子和土地走呢？"

达马奇笑着说："我现在还是会生气，但我跑不动了，因而我就绕着房子走，边走边想自己的房子这么大，土地这么多，又何必和人计较呢？一想到这里，我的气就消了。"

我们在与他人产生矛盾时，不能总把错误的结论推给另一方，首先要有反省自己的习惯，看看自己的"心智模式"有哪些不妥的地方。只有自

己不断"照镜子"，才能更清晰地认识自己，认清自己"心智模式"上有

无不妥之处。同时告诫自己不要产生自以为是的错误心态，要多换位去想

问题，不要总想着改变他人，多想着改变自己，这样他人也许会尽快认识

到自己的问题了。

一天，陆军部长斯坦顿来到林肯面前，气呼呼告诉林肯，一位少将用

侮辱性的话指责他偏袒一些人。林肯建议斯坦顿写一封内容尖刻的信回敬

对方。

"你可以狠狠地骂他一顿。"林肯说。

斯坦顿立刻写了一封措辞强烈的信，然后拿给林肯看。

"对了，对了。"林肯高声叫好，"要的就是这个！好好训他一顿，写得

太解气了，斯坦顿。"

但是当斯坦顿把信叠好装进信封里时，林肯却叫住了他，问道："你干

什么？"

"寄出去呀。"斯坦顿有些摸不着头脑。

"不要胡闹。"林肯大声说，"这封信不能发，快把它扔到炉子里去。凡

是生气时写的信，我都是这么处理的。这封信写得好，写的时候你已经解

了气，现在感觉好多了吧？那么就请你把它烧掉。"

林肯的做法，是给自己安上了一堵"防火墙"。烦恼既然来了，"坏

事"既然碰着了，就自找一些方法来平衡一下心情的"酸碱值"，让自己的心态能立刻恢复平和。

人要学会训练自己善于遗忘的本领，没必要让问题在我们的人生中永远"保鲜"，给坏情绪找一个出口——一个不妨碍别人的出口，让它赶快溜走，而且走得越远越好。否则，坏情绪越积越多，我们就会慢慢被它压垮。而一旦让坏情绪"占领"了我们的全身，我们就会在不堪重负之下匆忙给它一个出口——一个对准我们亲人和朋友的出口，结果是伤了亲朋也毁了自己，一点坏情绪污染了一批人的天空。

在自我情绪管理中，选择改变自我心境，而不是改变外界环境是一个非常好的方法。人生的目标不同，每个人的人生都自有他的前进轨迹。每个人都有长处和短处，我们千万不能戴着有色眼镜看他人，他人的不同见解、意见也许藏着真知灼见的智慧，但如果我们强迫他人服从于我们，就会发生"一家独大"的问题，也许事情会"坏"在我们的固执上以及听不进他人的意见上。

凡事多想自己的问题，凡事多听他人的意见，与人相处要多营造团结气氛，少制造剑拔弩张的紧张氛围，有了矛盾尽快解决，吃些亏就吃些亏，让事情的解决尽量朝着有利于双方的方向发展。而在这一过程中，选择改变自我心境，而不是改变外界环境，谦虚大度，襟怀坦荡，是不与人斤斤计较、修养高、情商高的表现。

善良，让生命散发美丽

人之初，性本善。南怀瑾认为善良是人最大的财富。

的确，善良是人生的灯塔，它不仅照亮了人们前行的方向，也给世界带来了光芒。但人随着成长，历经社会的锤炼，"人之初，性本善"会发生变化，比如有人认为，人不能太善良，太善良会吃亏；还有人认为，性格太好会成为被人欺负的根源。

很多人一辈子苦苦地追逐财富，却不知道"善良"才是人世间最为珍贵的宝物，是人无价的财富，人只有"善良"才能找到心灵真正的归宿。善良，会让人们在困难时微笑；善良，会让人们在坎坷时勇敢。善良，是广阔无垠、包容一切的胸怀；善良，是没有得失的计较、没有对错的分辨、没有好坏的执着的一种大气；善良，更是一种看不见、摸不着的美丽；善良，还是一种至尊、高贵的气质。人的生命因为有了善良而闪烁出瑰丽的光芒。

智者，知人不一定知己，知外不一定知内；而明者，知己知人，内外皆明

一名劫匪头戴蜘蛛人面罩，冲进捷克北部城镇捷克捷欣的一家商店，拔枪向店员要钱。59岁的店员马尔凯塔·瓦霍娃既没有奋起反抗，也没有给劫匪拿钱，而是不慌不忙地递给劫匪一杯茶和一块蛋糕。

奇迹发生了，劫匪放下了敌意，和瓦霍娃聊了起来。他们谈得很放松，也很和谐。

瓦霍娃还对劫匪说，如果他愿意，可以跟她讲讲他的故事。

劫匪同意了，并讲了自己的故事，最后离开前还没忘记道歉和道谢。

瓦霍娃利用一杯茶和一块蛋糕，就这样不动声色地化险为夷。虽然劫匪一开始曾拿枪指着她，但瓦霍娃仍愿意相信"他是个挺好的年轻人"——正是这种善意的想法拯救了瓦霍娃自己，也拯救了劫匪。

有位印度哲人曾经说过这样的话："如果某个人在路上发现有人中了箭，他不会关心箭从哪个方向飞来，也不会关心箭杆是用什么木头做成，箭头又是什么金属，更不会在意中箭的人属于什么阶级。他不会过问这么多，只会努力去拔出那人身上的箭。"这就是善良，是人最本能、最原始的能力。正是这种善良，使人类得以一代代地传承。

黎巴嫩南部城市苏尔有家很普通的理发店，店主叫法里斯。一天，店里来了个衣衫褴褛、蓬头垢面的人。法里斯热情地招呼他坐下，并认真地

给他剪起了头发。那人说他叫萨米，在附近的建筑工地打工。理完发的萨米精神多了，俨然跟换了个人似的。

该付钱了，萨米却说他根本没钱，身上只有一张前几天买的彩票。萨米说如果他中奖了，愿意把奖金的一半送给法里斯。法里斯笑了，他知道彩票中奖的概率微乎其微，但他还是欣然答应了。

谁也不会想到，奇迹竟然真的发生了。几天后，萨米拿着7.5万美元来补交理发费。他那张彩票竟然真的中了奖，奖金高达15万美元。法里斯被感动了，他没想到一个落魄的人心里藏着一颗善良的心。

世间有三种人：一种是麻木冷漠的人；一种是自身卑琐的人；还有一种人，是善良的人，善良的人用善良温暖了他人，用善良培育了自己高尚的情操。

所以，人无论经历怎样的坎坷，怎样的磨难，都要坚定地守候心中的"善良"。只有这样，才不会在纷繁的世事、喧嚣的繁华中迷失生命的方向；只有这样，内心世界才会充满阳光的灿烂，才会散发百花的芬芳；只有这样，生命的旅途中才会有轻歌曼舞、笑声飞扬；只有这样，才能抵挡住人生道路上所有的风雪雨霜。

清嘉庆年间，有一个叫乔任齐的人，因孝顺父母而闻名。据说，一个老头看到乔任齐，没说几句话，就无可救药地喜欢上了他，当下就把女儿

智者，知人不一定知己，知外不一定知内；而明者，知己知人，内外皆明

许配给了他。这件事有点夸张，但更特别的事还在后边。

一个曾跟他一起做过买卖的朋友，活得有点落魄，实在混不下去了，便跑到他这里来，希望能得到救济。乔任齐二话没说，便拿出钱来资助他。然而，那人走的时候，有人从他的行囊里搜出了店里的东西。大家都很气愤，把这件事告诉了乔任齐。谁知，乔任齐却赶紧让人把搜出来的东西放回到朋友的行囊里，而且还特别叮嘱大家不要说破这件事。后来，那人再来，乔任齐待他还像原来一样。

店里的伙计觉得乔任齐太善良了。乔任齐笑笑，说："有两个人的故事，我一直忘不了，也讲给你们听听。"

"一个人姓吴，徽州人，在富阳一带做买卖。每年的年末，到了晚上，夜深人静时，他会怀揣好多金子，奔走在里巷之中。只要碰到穷人家，他就会把金子放在穷人家的院里，而且做得悄无声息。也因此，好多穷人家的年过得有滋有味，却没有一家知道这钱是谁给他们的。"

"另一个人姓焦，江宁人。有一次，他带 300 金来富阳做买卖，正赶上江水泛滥，好多人家都被水淹了。他急了，拿出 300 金来，说，谁能拯救落入江水中的人，救起一个，就给一金。此语一出，会水的人纷纷下去救人。后来，他没有食言，好多落难的人都被救了回来。不仅如此，他还出钱为那些受灾的人买吃的喝的，水患过去之后，他还给他们盘缠，送他们

回家。那一次富阳之行，他买卖没做成，却把300金花得一干二净。然而，自始至终，这位姓焦的商人没有说过一句后悔的话。"

乔任齐说，"有钱不能说明什么，善良才是人最大的财富，人一辈子说长也长，说短也短，若自己有些能力，为他人做点有意义的事自己才会过得有意义。"

古人有云："心净生智能，行善生福气。"善心就像一粒种子，生长于天地之间。人有一颗充满善意的心，行为和语言就会大不一样。所以，善良的人，人生的路必将越走越宽。

智者，知人不一定知己，知外不一定知内；而明者，知己知人，内外皆明

人不可能同时追两只兔子

南怀瑾认为，一个人如果没有一个专一的目标，那么无论做事多么努力、多么勤奋、多么专注，这辈子想要出大成绩也是不太可能的。

有一则寓言：一条猎狗，追赶一只兔子，追着追着，看见另外一只兔子，于是这条猎狗对两只兔子同时追起来，两只兔子为求自保，开始联合起来对付这条嚣张的猎狗。它们分别向不同方向跑，猎狗不知追哪一只好，犹豫中，两只兔子跑回来，突然合围，狠狠地教训了一顿猎狗，然后又朝着不同方向跑走了。猎狗被教训后，只好狼狈地逃走了。两只兔子获得了新生。

我们站在现今的立场，回过头来看这条猎狗之所以失败时，发现这条猎狗犯了好几个错误。

这条猎狗本来对付一只兔子就可以了，然而在发现另一只兔子时，妄

想都收归囊中，这种做法分散了它的注意力，削弱了它的全力以赴，让它不能全心全意对付一只兔子，还有它没有想到两只兔子居然会合力对付它，结果它不仅一只兔子也没有吃到，捎带着还被兔子们给算计了。

事实上，我们中的很多人，在笑话这条愚蠢的猎狗的时候，自己不知不觉中也成了这条"猎狗"。我们无须再对猎狗的错误做过多的分析了，其实，这条猎狗之所以失误，通过一个非常简明的数学逻辑也可以看出：$(1 \div 2) \times 100\% = 50\%$。即一条狗不能同时追两只兔子，就是可以，也不仅仅是"分心"的概念了，因它只有50%的成功率，基本上等于半途而废。

人有两条腿，但只能走一条路。再厉害的人，哪怕他会分身术，也只能活一辈子。从数学逻辑上看，你的人生的成败决定于你对追寻目标的把握上。用人的一生除以唯一的目标，成功率是100%；若用人的一生除以两个目标，成功率就成了50%；以此类推，追求的目标越多，成功的概率越小。所以，全力以赴，一条道走到底，目标会尽快实现，但哪条路都想走，事业的成功就会很渺茫。

人一辈子的得失成败、人和人之间的差距和区别，往往就取决于"$1 \div 1$、$1 \div 2$、$1 \div 3$……"这些简单的数学逻辑上。大凡出类拔萃者，多是目标始终如一的人。然而，在现实生活中，绝大多数的人都把小学时就学

会的简易除法忘了，拿单一的人生除以杂七杂八的追寻和欲望，使自己的

成功率（也就是除法所得的商）一再变小，直至迷失了自我、虚度了人生。

因此，如果你真想追到"兔子"的话，千万不要同时去追两只同一方

向的兔子，当然，更不能去追不同方向的兔子。戴尔·卡耐基在分析了众

多个年轻人事业失败的案例后曾得出这样的结论："年轻人事业失败的一个

根本原因，就是精力太分散。"是的，许多生活中的失败者几乎都在好几个

行业中艰苦地奋斗过，然而如果他们能把自己的努力投入在一个方向上，

就足以使他们获得巨大的成功。

"瞧这儿，"一个农场主对他新来的工人杰罗克说，"你这种犁法是不

行的，你都犁歪了，在这样弯曲的犁沟中，玉米会长得很混乱。你应该让

你的眼睛盯住田地那边的某样东西，然后以它为目标，朝它前进。大门旁

边的那头奶牛正好对着我们，现在就把你的犁插入土地中，然后对准它，

你就能犁出一条笔直的犁沟了。"

"好的，先生。"

10 分钟以后，当农场主回来时，他看见犁痕弯弯曲曲地遍布整个田野，

便大喊道："停住！停在那儿！"

杰罗克说："先生，我绝对是按照你告诉我的在做。我笔直地朝那头奶

牛走去，可是它却老是在动。"

因为目标总是在变动，你就不得不在这个目标和另外一个目标之间疲于奔命，这是一种缺少头脑，而且是非常笨拙的工作方法。这种行事方法除了为你招致失败外，还是失败。

爱迪生说过，高效工作的第一要素就是专注。他说："能够将你的身体和心智的能量，锲而不舍地运用在同一个问题上而不感到厌倦的能力就是专注。对大多数人来说，他们每天都要做许多事，而我只做一件事。所以，如果一个人将他的时间和精力都用在一个方向、一个目标上，他就会成功。"

帕瓦罗蒂是世界歌坛上的超级巨星，当有人向他讨教成功的秘诀时，他每次都提到自己问过父亲的一句话。从师范学院毕业之际，痴迷音乐的帕瓦罗蒂问父亲："我是去当教师呢，还是去做个歌唱家？"

父亲沉思了片刻回答道："如果你想同时坐在两把椅子上，你可能会从两把椅子中间掉下去。生活要求你必须有选择地坐到一把椅子上去。"

最终，帕瓦罗蒂为自己选择了一把椅子——歌唱。经过了7年的努力，帕瓦罗蒂才首次登台演出；又过了7年，他终于登上美国大都会歌剧院的舞台。

"只选一把椅子"，"只追一只兔子"，多么形象而切合实际的理念。人只能确定一个目标，这样才能凝聚一个人的全部合力，集中力量将目标攻下。这种理念，与其说是一种严肃的哲学思考，倒不如说是人们为了生存和发展得更好的一种本能的自我优化。

"只选一把椅子"，"只追一只兔子"，意味着在选准全力以赴的事业时，也选择了一种生活。就像贝多芬与音乐、柏拉图与哲学、毕加索与绘画、司马迁与史学、陈景润与数学、袁隆平与水稻……

综上，历史上很多成功了的人，以自己的经验告诉我们，他们的成功是因为各自所选定的唯一一把人生"座椅"，他们的成功是锲而不舍地"只追了一只兔子"，所以，最终决定了我们的人生轨迹及留给后世的声誉一定是包含了做事专注这一原因。

第四章

心容万物，
则眼中处处是阳光；
凡事计较，
则胸中时时伏阴霾

志当存高远

南怀瑾认为，很多人都希望自己这辈子能做出不平凡的事，但遗憾的是，真正能做到的，似乎总是少数。因为，有愿望不代表能实现，只有实现了才能说为愿望奋斗得没有遗憾了。

理想，古人称它为"志"。古人重视理想的程度不亚于我们今人，像"金榜题名"、"衣锦还乡"，是那时候很多人的理想。

子曰："三军可夺帅也，匹夫不可夺志也。"即孔子说："三军之中，可以夺取主帅，但对一个普通男子，却夺不了他的志向。"《孟子》说："富贵不能淫，贫贱不能移，威武不能屈。"这也是一种不可夺的表现。"志"，可以是坚强的性格和顽强的意志，也可以是战胜困难的决心和勇气。

古人尚且如此，我们今人更不应该落后。其实每个人心中都有一个属于自己的理想。小学时，老师就经常要我们写有关理想的作文。这是从小让我们在心中埋下理想——即我们的明天会是怎样，那时，我们尽自己所能想象、憧憬，但是无法提前安排好。理想、愿景随着我们的成长、努力、奋斗，有的实现了，有的穷尽一辈子都实现不了。所以，对一个想做出大成就的人来说，从小立志非常重要，即从小就应该对自己的未来有所预见，否则就只会盯着自己眼前的"这一块"，满足于现有的成绩，不思进取，而长期下去，不仅会减缓成功的速度，也容易使人多走弯路，甚至遭遇困境。

培养自己预见未来的能力，要先从培养细致准确的观察力和超前思考的能力入手。众多杰出人士的一大共同点就是善于观察和思考。通过这两项能力，他们看到了别人看不到的"前方"，高瞻远瞩地确定了自己发展的方向。他们的思维是超前的，他们的执行力也是先行的，所以，他们能够引领时代的潮流。

比尔·盖茨放弃了假期的休闲与娱乐，甚至放弃了哈佛大学的学业，与朋友保罗·艾伦投入计算机"0"与"1"的世界，因为他们对世界计算机业进行了长期的观察，并进行了理性的分析和思考，从而预见到"计算机像电视机一样普及的时代就要到来了"。而且，他们还预见到"计算机软件将是整个计算机的灵魂"。最终，他们获得了成功，他们使"微软"拥有了财富，使世界拥有了"微软"。显然，比尔·盖茨拥有预知未来的前瞻力，而且他能够运用这种能力指导自己的人生规划，并最终取得了成功。

在预见未来的时候，人非常容易犯"想当然"的错误。许多"想当然"都是由于自己盲目乐观造成的。事实上，世界上的事物是错综复杂的，一种条件可能得出多种结果，一个结果亦可能是多个原因影响的。所以，影响事物发展变化的，除了必然性，还有偶然性。

"要是我早点开始就好了"，这是很多人到了一定年龄后的感叹。及早开始当然重要，但缺乏了人的正确预见也是会出问题的，人做事前多观察、多思考，用理性的头脑分析问题非常重要。成功者都是在不断地预见、不断地思考中创造辉煌的。

常常可以听到很多人哀叹自己这辈子"心比天高，命比纸薄"。究其原因，不是这些人真的"命运不济"，而原因恰恰在于，他们让理想停留在了嘴上、脑袋中。

一个人志向高远，有凌云壮志固然很好，但仍需行动，否则达不成目标。当然，如果他的志向高得虚无缥缈，高得脱离了实际，那恐怕他无论怎样奋斗，终其一生也不会实现理想。而这样的理想就是空想、幻影，没有建立在现实基础上。

古书《于陵子》里讲过这样一个故事：

有一只蜗牛志向很大，想要成就一番惊天动地的大业。它的目标是：

首先东上泰山，估计得走三千年；然后南下江汉，也得走三千年。而当它反观自身时，算了算，它只能活一天了。于是这只蜗牛悲愤至极，转眼便枯死在蓬蒿之上，徒留下笑柄而已。

《于陵子》中的那只蜗牛的错误不在于它只有志向没有行动，而在于它不能从自身实际出发，树立一个切实可行的奋斗目标。这只志向远大的蜗牛不是不想行动，而是无论它怎样行动，它的理想都根本不可能实现。此时，它应当做的是重新认识自己，修正自己的志向，而不是"悲愤至极"。

做人应该有志向，要立大志，要确定自己的人生理想和目标。但在为自己绘制奋斗蓝图时，一定要切合自身实际。"志当存高远"，并不是说可以完全不顾自身的实际和社会的需求，一味追求"高远"。一个根本不可能实现的理想，只能是妄想空谈。这样的"志向"，不但不能激发起前进的动力，反而会挫伤你的斗志，使你耽于幻想，一辈子一事无成，甚至自暴自弃，像那只蜗牛一样整日郁闷，直至一生。

刘九生的父亲有一手做木梳的手艺，在当地极为出名，父亲看着儿子做许多种生意均不成功就劝他跟自己学做木梳。可刘九生认为自己一个大男人，做小木梳没有什么出息，不愿意学。

有一天，刘九生正坐在墙角叹气时，父亲走过来，心平气和地对他说：

"孩子，是我对不起你，耽误了你考大学。但三百六十行，行行出状元。如果你能把木梳做好，也可以成功啊。你如果愿意学，我明天就教你。"刘九生无奈同意了。第二天，刘九生跟父亲学起了做木梳。他专心致志地学，几天就学会了，但他每天只能做几把木梳。他们家所在的地方比较偏僻，他辛辛苦苦把木梳拿到集市上去卖，卖的价格却很低。慢慢地，刘九生有点灰心了。但有一天，他到城里办事，发现城里一把木梳的价钱比家乡集市上要贵几毛钱。刘九生兴奋起来，他似乎看到了木梳中的商机。回村后，他挨家挨户去收购木梳，做起了木梳的批发生意。他很快就赚了五六万元钱。看到村里人手工做木梳靠的是传统的方法，不仅生产速度慢，有时货源还短缺，他便萌生了办一个木梳厂的想法。

木梳厂建起来了，他又四处寻找销路。功夫不负有心人，他的木梳渐渐有了影响力。1993年12月的一天，刘九生突然接到衡阳市一家公司老总打来的电话，说想经销他的一些木梳，刘九生放下电话，就直奔那家单位。当刘九生走进这家单位时，正好碰上这家单位的员工下班。他的心猛地一沉，以为老总可能早就下班了。正当他有点灰心丧气时，忽然发现一个夹着公文包的人从公司走了出来。他怀着碰碰运气的心情上前去问道："请问经理办公室在哪里？"没想到这个人就是那位老总。那位老总看到刘九生如此勤勉，十分感动，他紧紧握住刘九生的手说："小伙子，你的精神感动了我，我相信你的梳子的质量也是最好的。"这一笔生意，给刘九生直接带来了两万元的利润。

刘九生就是这样，踏踏实实，凭借着自己的努力，走上了事业成功的道路。现在，刘九生的"天天见"木梳公司一跃成为全国最大的木梳生产企业之一，其产品远销东南亚各国，公司总资产已达到千万元。刘九生非常感激他的父亲，他没有想到，他曾看不起的小木梳竟成就了他的事业。

刘九生的经历告诉我们，不要看不起小事，人立志要从实际出发，然后脚踏实地去干才能获得成功。

"三百六十行，行行出状元"。人生的成功之路有千万条，我们可以学走别人的成功之路，但这并不意味着每个人都可以走那条路。敢于创新，敢于走他人没有走过的路，能够结合"自身实际"的有志者，往往能事业成功。

懂得付出的人没有时间悲伤

南怀瑾认为，人真正做到付出，便会多一些从容，多一些达观，从而常乐。

知足常乐，很符合中国传统文化的"中庸之道"。即行为适中、处世折中为宜，不能获得也不强求，得到也不欣喜若狂，凡事讲究个"度"。简言之，就是一个人知道满足，勇于付出，不计较利益，心里就时常是快乐的、达观的，有利于身心健康的。相反，贪得无厌，不知满足，就会时时感到焦虑不安，甚至是痛苦不堪。

"布衣桑饭，快乐终生"是一种传统文化，是知足常乐的典范；"宁静致远，淡泊明志"是蕴含着知足常乐的清高雅洁；"采菊东篱下，悠然见南山"是尽显满足快乐的悠然；"老天待我至为厚矣"是表达了快乐的真情实感；"知足常乐"是人生最好的生活，它表现了人们豁达的境界。

　　知足是一种处世态度，常乐是一种释然的情怀。但要做到知足、常乐，就要有公平心，也就是平常心，这种心态，讲究平等，讲究互相尊重，要求人无论待人接物，还是做人做事，都要公平公正，不能有太多的私心杂念，更不能欺穷傍富，不能搞团伙帮派，亲亲疏疏。

　　不公平，不公正，不是现代社会所需要的，也不是文明社会所提倡的。比如，在职场中，员工不应搞人身依附，管理者也不应搞亲疏远近、拉帮结派，应各守其职，在各自的岗位上为社会创造财富，于人于己才有裨益。生活中，待人要和气，不以贫富为标准，能帮人则帮人，平等待人，不给他人脸色，做到邻里和睦，家庭幸福，这才是文明社会所倡导的风气。

　　明朝有个人叫胡九韶，他的家境很贫寒，他只好一面教书，一面努力耕作，但这样仍只能做到衣食温饱。但每天黄昏时，胡九韶都要到门口焚香，向天拜九拜，感谢上天赐给他一天的"清福"。

　　他妻子笑他说："我们一天三餐都是菜粥，怎么谈得上是'清福'？"

　　胡九韶说："我首先很庆幸生在太平盛世，没有战争兵祸。又庆幸我们全家人都能有饭吃，有衣穿，不至于挨饿受冻。第三庆幸的是家里床上没有病人，监狱中没有囚犯，这不是'清福'是什么？"

　　老子说："祸莫大于不知足，咎莫大于欲得。故知足之足，常足矣。"意思是说，祸患没有大过不知满足的了；过失没有大过贪得无厌的了。所以知道满足的人，永远都觉得是快乐的。

有一个小朋友丢失了一个玩具，十分难过。在寻找玩具的时候，一个路人见他可怜，就从自己的包里取出一个玩具给他。

这时候，这个小朋友显得更伤心，路人不解地问他："你现在不是重得一个玩具吗？为何还这样伤心？"

小朋友回答说："因为我本可以有两个玩具。"

这个小朋友就是个不懂满足的人，但小孩有"不满足"之心也就罢了。成人则万万不可总是怀有一颗如此不满足的心，因为越不满足，就越有痛苦，而越有痛苦，越会去追求贪欲，到时候陷入"欲壑难填"的深渊不能自拔。

人应该知足，承认和满足现状不失为一种调节自我的方式。知足者想问题、做事情能够顺其自然，保持一份淡然的心境，并乐在其中。这并不是削弱人的斗志和不思进取，而是在知足的乐观和平静中，认真洞察取得的成功，总结经验，而后乐于进取，乐于开拓，为将来取得更大的成功鼓足信心，做好充分的准备。

快乐不在别处，就在人的心中；幸福不是他人给的，而是自己给自己的。人生不如意事十之八九，每个人的一生中遇到苦恼烦心之事在所难免，而且有的人苦难之事往往多于快乐之事，还有些人逆境多于顺境，因为人随时都可能碰上湍流和险境。面对这些不顺利之事，有的人看到的只是险恶与绝望，于是在迷茫中失去了生命的斗志，使自己坠入地狱难以翻身；有的人则会告诉自己一切都会好起来的，困难只是暂时的，远方依然是一片充满了希望的天空。不同的思维造就了不同的结果，有的人在抱怨之中碌碌无为地度过一生，而有的人却能战胜厄运，使自己的生命充满快乐的阳光，最终，其人生活出了精彩。

传说终南山麓一带出产一种快乐藤，凡是得到这种藤的人，就会不知道烦恼为何物。

曾经有一个人，为了得到不尽的快乐，不惜跋千山涉万水，去寻找这种藤。这人历尽千辛万苦，终于来到了终南山麓，在险峻的山崖上，他找到了快乐藤。可是他虽然得到了这种藤，却发现自己并没有得到预想中的快乐，反而感到一种空虚和失落。这天晚上，他在山下一位老人家中借宿，面对皎洁的月光，他发出一声长长的叹息。

老人闻声而至：“年轻人，什么让你这样叹息呀？”

于是，这人说出了心中的疑问：“为什么我已经得到快乐藤，却没有得到快乐呢？”

老人说：“其实，快乐藤并非终南山才有，而是人人心中都有。只要你有快乐的根，无论走到天涯海角，都能得到快乐。”

老人的话让这人觉得耳目一新，于是这人又问："什么是快乐的根呢？"

老人说："有一颗知足心就是快乐的根。"

有心理学家曾对1000名创业成功者进行了调查研究，归纳出这些成功者走向成功的几个步骤，其中很重要一条就是：知足常乐。这些人都具有积极的心态，能够主动抓住机遇，并一直保持积极的努力意识，同时对自我评价也十分中肯，能够自我控制，正确对待自我期待。当然，这一切表明，他们拥有一颗豁达的心。

顿悟人生，每天都是好日子

南怀瑾认为，世界是美好的，世界给予人们的每天都是好日子。但得到这些好日子不能靠巧取豪夺，不能靠他人帮助，要靠自己去争取。

很多人天真地认为，不管什么，只要到了我手里成为"我的"，那就一定能"尽我所想，为我所用"。这些人其实是忽略了"无意识的物体"和"有意识的物体"之间的区别。比方说，你买了房子买了车，它们整个都是你的，它们"为你所用"，你完全可以享用它们的一切好处，使用和控制它们，因为它们无意识，你的意志决定它们的"意识"。但如果是"有生命、有意识"的物种，"占有或获得"，只是说明你拥有了他们本身（拥有了"壳"）而已，此时，还不能说你同时就拥有了他们的意识，因为他们的意志还不一定随你的意志而转移，他们并不一定按你的意志去行事，你也并不一定能享受到他们的主观能动性所创造的效应。

所以，在任何事物上能获得"好的效应"，只有通过付出，赢得他们"心悦诚服"才是根本。

三国时期的徐庶和诸葛亮都有经天纬地之才及治国安邦之能，但这两位盖世奇才的经历和结局，却因使用者的"德行"不同而大相径庭。

刘备，为图霸业求贤若渴，他不惜降尊纡贵，三顾茅庐，虔诚之心终于感动了诸葛亮。诸葛亮接受邀请出山辅佐，为报答这份知遇之恩，他一生鞠躬尽瘁、死而后已，对刘备忠心耿耿，从而奠定了三国鼎立的格局。

而曹操掳获徐庶的母亲，并派人伪造其母书信召其去许都并"占有"。徐庶孝顺，无奈归曹，尽管他有出众的谋略和才华，却不愿为曹操出谋划策，因此，徐庶在曹魏历时数十年，却从未在政治军事上有所作为，曹操空有高人却不能用。于是有了徐庶"身在曹营心在汉"的俗语。

从上面的事例可知，曹操将徐庶据为己有，也仅仅是占有其身，并没有得到其"心"。所以，要想真正"得到人心"，就应该从根本上去赢得而非想办法去占有。

了解特蕾莎修女的人，都无不被她那博大的情怀和高尚的品德所折服。她是诺贝尔奖诞生以来，唯一全票通过没有异议的和平奖得主。

她创建的组织有4亿多的资产，世界上最有钱的公司都乐意捐款给她；她的手下有7000多名正式成员，还有数不清的追随者和义务工作者分布在

100多个国家和地区；她认识众多的总统、国王、传媒巨头和企业巨子，并受到他们的仰慕和爱戴……

可是，她住的地方，唯一的电器是一部电话；她穿的衣服，一共只有3套，而且自己洗换；她只穿凉鞋没有袜子……她把一切都献给了穷人、病人、孤儿、孤独者、无家可归者和垂死临终者。

她出生在欧洲却奋斗在印度，从12岁起直到87岁去世，她从来不为自己而只为受苦受难的人活着，她几十年如一日地奔波操劳，身患重病时依然毫不停歇，只是为了世界上最底层、最悲惨的穷苦人们。

当她去世的噩耗传来，引起了全世界的震动：在印度，成千上万的群众冒着倾盆大雨走上街头，悼念他们敬爱的特蕾莎嬷嬷，政府宣布为她举行国葬，全国哀悼两天，总统为此宣布取消官方活动，总理亲往加尔各答敬献花圈、发表吊唁演说；从新加坡到英国，从新西兰到美国，各国元首和政府首脑纷纷发表讲话，为这位仁慈天使的逝世感到悲痛；联合国教科文组织专门发表声明向她致敬，罗马教廷专门举行弥撒为她追思；甚至印度最大清真寺的伊斯兰教长布哈里也说，她是一位永生的伟大的圣人！

特蕾莎修女想要占有财富轻轻松松，但她只想付出，再付出。只有胸怀大爱的人，只有德高望重的人，才能做出付出不讲条件，她以德服人，从而被人尊敬。她一生的"大爱"，就是"真诚、付出、不索回报"。

现如今的很多人，在衣食不愁后，对"付出劳动"一词的理解已经偏离了原来的本义，认为一切靠科技发展，无须亲自付出劳动，洗衣有洗衣机，连洗碗都有洗碗机，其他家务事可以雇保姆、请家政服务代劳，似乎"付出劳动"一词有些过时、背时似的。其实，劳动养成性格，劳动培养勤奋精神，劳动产生诚挚情感。许多社会事务、私人事务中，如果有劳动光荣的意识和共识，那么许多社会问题就会变得不再那么尖锐，劳动者的社会地位和劳动所得就会大大提高。所以现代文明社会，更应树立劳动崇高、劳动光荣的意识，并应大力提倡。

唐朝时，百丈寺的方丈怀海禅师直到八十多岁了，还与其他和尚们一起干活。后来大家因为担心他的身体，把他的劳动工具藏了起来。怀海禅师四处寻找，找不到，于是接连几天不吃饭。大家只得给他工具，他赶紧劳动，也开始吃饭，别人问他为何如此，他说："一日不作，一日不食。"

生命的起点我们无从选择，但人生的轨迹却需要我们慎重把握。人人都渴望幸福的生活、美满的爱情和温暖的家庭，但这一切不是等来的、抢来的、占有的，这些需要我们付出自己的劳动和努力才可以得到。

假如世界是一堵墙，爱就是回音壁

南怀瑾在讲经中常说，心胸宽广是做人的第一要务。

事实上，人要想自己的人生之路走得有意义，就必须是一个有涵养的人，同时也要有足够的胸怀。因为心胸狭窄不容他人，他人也必不容你。

心胸宽广的人处变而不惊，常以不变应万变，他们以宽容对狭隘，以礼貌谦恭对冷嘲热讽，不将心思牵绊于一事一物，不将哀怨气恼挂于心头，他们具备令人称赞的容人雅量。

人生在世，免不了要和别人相处，由于每个人的文化水平、性格爱好等都不同，相处久了，难免会发生磕磕碰碰或矛盾冲突，严重的甚至会产生仇恨的心理，导致兄弟反目、婆媳不和、同事争执等。其实，生活中很多矛盾都只是些小矛盾，只要有一方豁达一些、大度一些，该宽容的宽容，该忘记的忘记，退一步，让一步，问题就会迎刃而解，矛盾就会化干戈为玉帛。然而，现实中，总有那么一些人，他们心胸狭隘，小肚鸡肠，处世时总是持"宁可我负人，不可人负我"的态度，对别人的"不是"总是斤斤计较、毫发必争，最终弄得小事化大，使矛盾进一步恶化。

从前，有一个穷秀才在集市上卖字画。一天，他看见不远处前呼后拥地走来一位富家少爷。秀才知道这位富家少爷的父亲在年轻时曾经欺辱、迫害过自己的父亲，因此，秀才的心底不由得涌起一阵仇恨的愤怒——虽然这位少爷并不了解这一切。

这位少爷被秀才的一幅花鸟画深深吸引住了，他在画前流连忘返，不愿离去，想要买这幅画。秀才却将画卷了起来，并声称不卖给他。这位少爷是位痴情任性的人，对那幅画始终难以割舍，不能忘怀。从此以后，他便因为这幅画"求而不得"而得了心病，日渐憔悴。

最后，这位少爷的父亲出面了，表示愿意为这幅画付一笔高价。可是秀才宁愿把画挂在自家堂屋的墙上，也不愿意卖给他。秀才阴沉着脸坐在画前，自言自语地说："这就是我的报复，父债子偿。"少爷的父亲没有买到画，失望地回去了。没过几天，那位少爷就死了。

秀才听说后，却没有得到报复后的快感，他连日梦见那位少爷天真的笑脸，这使他的良心受到了谴责，终日痛苦不已。有一天，他应人要求画一幅佛像。可是，画着画着，他觉得这佛像与自己以往画的佛像有很大的

差异，这使他苦恼不已。他费尽心思找原因，突然惊恐地丢下手中的画笔，跳了起来——他刚画好的佛像的眼睛，竟然是他心中仇人的眼睛，连嘴唇也是那么相似。他把画撕碎，高喊道："我的报复又回报到我的头上来了！"

是的，生活就是这样，面对别人的伤害，若一定要"以其人之道还治其人之身"，最后的结果与其说是报复了自己的敌人，不如说是更深地伤害了自己。因此，不要对别人的伤害耿耿于怀，特别是用别人犯下的错误来惩罚自己，使自己痛苦，如果这样就更不明智了。

西方有一句话，"当你伸出一根手指去指责别人时，余下的四根手指恰恰是对着自己的。"宽容的父母常用这句话教育他们的孩子。

有个青年，总是愤世嫉俗，因此他在学习、生活、工作中遭遇了许多误解和挫折。由于得不到别人的理解，他渐渐地养成了以戒备和仇恨的心态看待他人的习惯，他不仅对别人的小错误斤斤计较，而且仇恨那些不理解自己的人，结果他的人际关系变得越来越紧张。在压抑郁闷的环境中，他感觉整个世界都在排斥他，因此他度日如年，几乎要崩溃。

有一天，青年出门散心，登上了一座景色宜人的大山。坐在山上，他无心欣赏优雅的风景，想着自己这些年的遭遇，他内心的仇恨像开闸的洪水一样涌来。他忍不住大声对着空荡幽深的山谷喊："我恨你们！我恨你们！我恨你们！"

谁知话一出口，山谷里传来了同样的回音："我恨你们！我恨你们！我恨你们！"他越听越不是滋味，于是又提高了喊叫的声音。他骂得越厉害，回音就越大越长，扰得他更加恼怒。

就在青年再次大声叫骂后，身后传来了"我爱你们！我爱你们！我爱你们"的声音。紧接着，山谷传来"我爱你们"的回音。他扭头一看，只见不远处，一老者正看着他。

片刻后，老者微笑着向他走来，笑着说："倘若世界是一堵墙，那么爱就是世界的回音壁。就像刚才我们的回音，你以什么样的心态说话，它就会以什么样的语气给你回音。爱出者爱返，福往者福来。为人处世，许多烦恼都是因为对别人斤斤计较、对别人怀恨在心而产生的。你热爱别人，别人也会给你爱；你去帮助别人，别人也会帮助你。世界是互动的，人也是互相的，你给世界几分爱，世界就会回你几分爱。爱给人的收获远远大于恨带来的暂时的满足。"

听了老者的话，青年大悟，他愉快地下了山。回去后，青年开始以积极、健康、友爱的心态对待身边的一切。慢慢地，他和同事之间的误解没有了，没有人和他过不去了，他的工作比以往更顺利了，他自己也比以前快乐多了。

生活中没有永远的仇人，只要自己心中的怨恨消失了，仇人也能变成朋友。如果我们的仇人了解到我们对他的怨恨使我们自身精疲力竭，使我们疲倦而紧张不安，甚至使我们折寿的时候，他们不是会拍手称快吗？所以，我们千万不要用仇人的错误来惩罚自己。就算我们不能爱那些仇人，至少要做到爱自己。我们要使那些仇人不能控制我们的快乐、健康和外表。

就如莎士比亚所说："不要由于你的敌人而燃起一腔怒火，让心中的烈焰烧伤自己。"所以，不要浪费时间去做那些毫无意义的报复，更不要让自己的心因为报复更加痛苦。

美国第三任总统杰斐逊与第二任总统亚当斯从交恶到宽恕的过程，就是一个生动的例子。

杰斐逊在就任前夕，到白宫去想告诉亚当斯说，他希望针锋相对的竞选活动并没有破坏到他们之间的友谊。但杰斐逊还没开口，亚当斯便咆哮了起来："是你把我赶走的！是你把我赶走的！"从此，两人没有交谈达数年之久。

后来，杰斐逊的几个邻居去探访亚当斯，这个坚强的老人仍在诉说那件难堪的事，但接着冲口说道："我一直都喜欢杰斐逊，现在仍然喜欢他。"邻居把这话传给了杰斐逊。杰斐逊便请了一个彼此皆熟悉的朋友传话，让亚当斯也知道了他的深厚友情。后来，亚当斯回了一封信给杰斐逊，两人从此开始了美国历史上最伟大的书信往来。

退一步海阔天空，忍一时风平浪静。对别人的过失，必要的指责无可厚非，但不能一直抓着不放，要以博大的胸怀去宽容别人。安德鲁·马修斯在《宽容之心》一书中说过这样一句启人心智的话："一只脚踩扁了紫罗兰，它却把香味留在了脚跟上，这就是宽容。"

宽容是一种美德，也可以体现一个人的思想修养。你能容人，别人才能容你，这是生活的辩证法。所以，假如你心胸狭窄，你会失掉所有的人际关系，生活会让你独身一人走在黑暗的路上。俗话说："将军额上能跑马，宰相肚里能撑船。"这是容人的最高境界啊。

真正的成功是什么

南怀瑾说，生活中，很多人在刚成年时对自己的期望都很高。他们期望努力工作，多多挣钱，积累财富，拥有充满爱意的家庭，并且享受生活。然而，当人生的旅途还没走到一半时，很多美好的梦想就变成了噩梦。

有一位女士事业上非常成功，但是个人生活却是一团糟，她说："我从没有想过我到 42 岁时能混得这么惨。我经历过两次失败的婚姻，很少能见到我的孩子，生活也失去了目标。"

那么，真正的成功是什么样的？每个人都有不同的答案：金钱、晋升、名声、终身职位、打赢比赛……这些都是合理的追求目标，但唯一能带来真正成就感的是什么？是快乐，是付出。

在我们的本性中，有一个角色，它把我们自己的利益摆在他人利益之上，这一角色可视为我们的"假我"。它的以自负为中心的影响力是如此普遍，以至于它已经成为很多人的生活方式。

汉德·泰莱是纽约曼哈顿区的一位神父。那天，教区医院里一位病人生命垂危，他被请过去主持临终前的忏悔。他到医院后听到了这样一段话："仁慈的上帝！我喜欢唱歌，音乐是我的生命，我的愿望是唱遍美国。作为一名黑人，我实现了这个愿望，我没有什么要忏悔的。现在我只想说，感谢您，您让我愉快地度过了一生，并让我用歌声养活了我的 6 个孩子。现在我的生命就要结束了，但死而无憾。仁慈的神父，现在我只想请您转告我的孩子，让他们做自己喜欢做的事吧，他们的父亲是会为他们骄傲的。"

一个流浪歌手，临终时能说出这样的话，让泰莱神父感到非常吃惊，因为这名黑人歌手的所有家当，就是一把吉他。他的工作是每到一处，把头上的帽子放在地上，开始唱歌。40 年来，他如痴如醉，用他苍凉的西部歌曲，感染着他的听众，从而换取那份他应得的报酬。

黑人的话让神父想起了 5 年前他曾主持过的一次临终忏悔。

那是一位富翁，住在里士本区，他的忏悔竟然和这位黑人流浪汉差不多。他对神父说，"我喜欢赛车，我从小研究它们、改进它们、经营它们，一辈子都没离开过它们。这种爱好与工作难分，这种爱好是闲暇与兴趣结合的生活，它让我非常满意，并且从中还赚了大笔的钱，我没有什么要忏悔的。"

白天的经历和对那位富翁的回忆，让泰莱神父陷入思索。当晚，他给报社写去了一封信。

信里写道："人应该怎样度过自己的一生才不会留下悔恨呢？我想也许做到两条就够了。第一条，做自己喜欢做的事；第二条，能付出多少就付出多少。"

后来，泰莱神父的这两条生活信条，被许多美国人信奉为圭臬——的确，人生如此也就没什么好后悔的了。

安雅宁进入公司刚刚一年，因为表现优秀，很受领导器重。她也暗下决心一定要做出成绩来。一次，上级领导要她负责一个企划案，为一个重要的会议做准备，还透露说如果这次企划案能赢得客户的认可，她将有可能被调到总公司负责更重要的职务。对安雅宁来说，这是个千载难逢的机会。她非常卖力，每天都熬夜准备这份企划案。

可是，到了开会的那天，安雅宁由于过度紧张，出现了身体不适，脑子一片混乱，甚至没有带全准备好的资料，发言的时候词不达意，几次中断。会议的结果可想而知……

失去了一个这么好的机会，安雅宁为此懊恼不已。之后，由于她的状态一直不好，又有过几次小的失误，她对自己更加不满。以前自信的她，现在忽然觉得自己不适合这个工作了，不然为什么总是在关键时刻出错呢？她开始惩罚自己，经常不吃饭，想通了又暴饮暴食，或者拼命地喝酒。

安雅宁的情绪越来越不好，领导找她谈过几次话，宽慰她过去的事情都过去了，人应该向前看。后来，她的情绪虽然渐渐稳定了下来，但是她还是不能原谅自己，没有心情做好手中的事情，以致对工作失去了信心。最后，她不得不递交了辞呈。

当我们为曾经的错误付出了沉重的代价后，可不可以原谅自己呢？只有原谅自己，才能重新调整心情，开始新的生活。而那些无法原谅自己，始终对自己的过去耿耿于怀的人，是得不到人生的幸福的。

每个人都希望自己的人生道路和事业道路能够一帆风顺，最好不要犯任何错误，但是这一观念是不符合自然规律的，不过是人们自己的一厢情愿罢了。"人非圣贤，孰能无过。"犯错是生活中的常态，是难以避免的事情。人犯错没什么，因为关键不在于你犯的错本身，而在于你犯错之后的反应。

常常听一些人在犯错后痛苦地说："我不能原谅自己。"可是，不原谅又如何呢？那等于把自己推入了一个永不见底的深渊，从此再也看不到希望和光明。世上没有"后悔药"，谁也不能再改变过去，对自己的责怪只能加深自己的痛苦。

犯错本身不可怕，可怕的是我们失去了直视它的勇气，更可怕的是我们从此失去了做事的心情，以至于赔上了现在和未来。所以，切莫再抓住过去的伤疤不肯放手，赶快从自怨自艾的泥潭中跳出来，朝气蓬勃地投入到新的生活和事业中去吧！

不完美就是完美

南怀瑾在《金刚经说什么》中说，万物是不齐的，不平等，有高低，五个指头都是不齐的，但是它变成一只手的时候，通通是齐的，它就是一只手。……我们了解了这个道理，福报也就无所谓大与不大。

当爱神维纳斯裸露的躯体、残缺的断臂展示在世人的面前时，人们感叹的并不是她美中不足的缺憾，反而觉得她是那么的美丽。据说维纳斯出土时，因为缺少手臂，当时的著名雕塑家们，就举行了一场重新塑造维纳斯断臂的比赛。但是许多个方案之后，人们统一认为，没有手臂的维纳斯，比起有各种手臂齐全的维纳斯更美丽。直到现在也没有人对维纳斯断臂的美提出过异议，相反，她身上的缺憾却引发了人们无尽的遐想……

还有一个故事。

一个铁匠用同一块铁打了两把锄头，摆在地摊上卖。一农人买走了其中的一把锄头，马上就下地使用起来；而另外一把锄头，被一个商人买到，因为无用，被闲放在商人的店里。

半年以后，两把锄头偶然碰到一起。原本质地、光泽、锻造方式都相同的两把锄头现在大不相同。农人手里的锄头，好像银子似的锃光闪亮，甚至比刚打好时更光亮；而那把一直被商人放在店里的锄头，却变得暗淡无光，上面布满了铁锈。

"我们以前都是一样的，为什么半年之后，你变得如此光亮，而我则成了这个样子呢？"那把生满锈迹的锄头问它的老朋友。

"原因很简单啊，这是因为农人一直使用我劳动。"那把光亮的锄头回答说，"你现在生了锈，变得不如以前，是因为你老侧身躺在那儿，什么活儿也不干！"生锈的锄头听后，沉默了，它无言以对。

当我们在追求完美的时候，我们总把完美的标准放大，但当我们因为做出来的事不够完美而心情烦躁的时候，常常忽略了缺憾其实也是一种美，是上天赐给我们的另一种恩惠。

从前，有一个小木轮，忽然有一天发现自己身上少了一块木片，为了补上这一缺憾，它决定去寻找一块相同的木片。于是，它开始了长途跋涉，但由于缺了一块，木轮不够圆，所以走得非常慢。

这时正值春暖花开的季节，路边的风景非常美，五颜六色的花点缀在绿色的田野里，空中还有鸟儿在歌唱。小木轮边走边欣赏风景，不知道走了多久，它终于发现了一块和自己的缺口一样的木片，它高兴地将其装在身上，这下完美了，它想。

然后，小木轮重新出发了，没有了缺憾的它自然走得飞快，它开始为自己的完美欢呼。可是，没过多久它就泄劲了，因为它再也没有时间和机会欣赏路边的野花，聆听小鸟的歌唱了，单调的赶路让它感觉枯燥和乏味。于是，经过再三思量，它还是将那片合适的木片卸了下来，带着缺憾慢慢上路，快乐的心情又重新回来了。

因为少了一块木片，小木轮看到了美丽的风景，缺憾反倒成了一种优点。的确，完美与缺憾本身就是相对存在的，如果没有缺憾又如何能显出完美的魅力？就像如果没有沙漠，人们就不会产生对绿洲的期待。

单调的美容易让人淡忘，唯有日头东升西落，月亮阴晴圆缺，星星亦有陨落，才能让人看到世界的变化无穷和另一种变化的美。也就是说，世界上真正意义的完美并不存在，不完美常让我们看到了世界的风景。

当然，在事业和生活中，人生的缺憾并不是都有机会成为一种美，但它在人类的意志力面前，绝对有变成一种风景的可能。我们都知道柠檬又苦又酸，根本无法下咽。可是如果把它榨成汁，加上水，加上糖，倒进蜂

蜜，就变成人人爱喝、生津止渴的柠檬汁了。所以，如果上天给了我们一个酸苦的柠檬，那我们就想办法把它榨成柠檬汁吧。

一位住在弗吉尼亚州的农场主当初买下这块地的时候不被任何人看好，因为这块地实在是太差了，既不能种水果，也不能养猪，只能生长白杨树和响尾蛇。别人都以为这块地一文不值，但是这位农夫没有很多的钱，他买下这块地后想了个点子，把缺憾变成了财富。

他的做法让人很吃惊，他做起了响尾蛇的生意。他把从响尾蛇口中提取出来的毒液送到各大药厂制造蛇毒血清，把响尾蛇肉做的罐头销售到世界各地，再把响尾蛇皮以很高的价钱卖出去，用来做女人的皮鞋和皮包。总之，他的农场既没有种水果，也没有养猪，只是饲养响尾蛇，而他的生意却是越做越大，每年来这里参观他的响尾蛇农场的游客就有好几万人。

现在这位农场主所在的村子已被改名为弗州响尾蛇村，这是为了纪念这位先生把"酸苦的柠檬"做成了"甜美的柠檬汁"。

不要期望上天赐给我们现成好喝的柠檬汁，事实上，当你拿到了又苦又酸的"柠檬"，不要抱怨，自己想办法把它剖开、切片、榨汁，细细地加工处理，然后静静坐下来，好好享受历经千辛万苦才得到的宝贵柠檬汁吧。因为有了把缺憾变成完美的这个过程，你手里的柠檬汁才愈加珍贵，愈加香甜。世上的完美大都经过了人的加工和改造。

勇敢地面对不完美吧，在改造不完美时不怨不悔，只有这样，你才能走出一条全新的人生道路，一条充满阳光与风景，遍布惬意与轻松，通向成功彼岸的阳光大道。

勇敢地冲出"心理牢笼"

南怀瑾认为，人千万不要把自己锁进自己建立的牢笼中。

是的，世界上最难攻破的不是那些坚固的堡垒和城池，而是你为自己编织的"心理牢笼"。因此，我们要想走上成功的道路，必须勇敢地冲出自己的"心理牢笼"。

一个人在他25岁时因为被人陷害，而在牢里待了10年。后来沉冤昭雪，他终于走出了监狱。出狱后，他开始了几年如一日的反复控诉、咒骂："我真不幸，在最年轻有为的时候竟遭受冤屈，在监狱里度过了本应最美好的一段时光。监狱里简直不是人待的地方，狭窄得连转身都困难，唯一的小窗口也几乎看不到阳光；并且冬天寒冷难忍，夏天蚊虫叮咬……真不明白，上帝为什么不惩罚那个陷害我的家伙，即使将他千刀万剐，也难解我心头之恨啊！"

75岁那年，这个人在贫病交加中，终于卧床不起。在他弥留之际，牧师来到他的床边，对他说："可怜的人，去天堂之前，忏悔你在人世间的一切罪恶吧……"

牧师的话音刚落，病床上的他声嘶力竭地叫喊起来："我没有什么需要忏悔的，我需要的是诅咒，诅咒那些造成我不幸命运的人……"

牧师问他："你因受冤屈在监狱待了多少年？离开监狱后又生活了多少年？"

他恶狠狠地将数字告诉了牧师。

牧师长叹了一口气，说："可怜的人，你真是世上最不幸的人。对你的不幸，我只能感到万分的同情和悲痛。他人囚禁了你10年，而当你走出监狱，本应获取永久自由的时候，你却用心底里的仇恨、抱怨、诅咒囚禁了自己整整40年！"

现实生活中，有很多人和故事中的主人公一样，给自己编织了一个又一个"心理牢笼"。别人做得不对，就一味地诅咒、憎恨他人；自己做错了一丁点事情，就念念不忘，责备自己的过失。还有些人总是喜欢唠叨自己的坎坷往事、身体疾病，或抱怨自己的不公平遭遇和生活苦难；还有人好猜疑，把一些与己不相干的事硬与自己联系在一起，造成不必要的心理障碍。殊不知，对那些过往不平的经历，或者想不明白的事情，一味地责怪和抱怨是于事无补的。上述这些人都不是自尊、自爱、自重的人，试想如果总是对想不通、想不开的事情念念不忘，总是在自己编织的心理牢笼里怨天怨地，就很容易使自己失去判断力，囚禁自己的整个人生。

一个人成长、成熟的过程中，难免会遭受来自社会和家庭的议论、否定、批评或打击，于是许多人奋发向上的热情便慢慢冷却，逐渐丧失了信心和勇气，他们对失败惶恐不安，变得懦弱、狭隘、自卑、孤僻，害怕承担责任，不思进取，不敢拼搏。于是，他们的一生过得并不如意。事实上，他们这辈子不是输给了外界压力，而是输给了自己。很多时候，阻挡人们前进的不是别人，而是人们自己。因为怕跌倒，所以走得胆战心惊、亦步亦趋；因为怕受伤害，所以把自己裹得严严实实。但如此，封闭了自己，就是封闭了自己丰富多彩的人生。

很多时候，影响一个人幸福感的，并不是物质上的贫乏或丰裕，而是他的心境。如果把自己的心浸泡在"令人后悔和遗憾"的旧事中，痛苦必然会占据人的整个心灵。

卡耐基谈到他有一次造访希西监狱，他对狱中的囚犯看起来竟然和世人一样快乐很是惊讶。典狱长罗兹告诉卡耐基："犯人刚入狱时都很沮丧，但是经过他们的帮助，都变得甘愿服刑，并尽可能快乐地生活。"

这时，卡耐基看到有一个囚犯在院子里一边种着蔬菜、花草，一边轻哼着歌，他哼唱的歌词是："事实已经注定，事实已沿着一定的路线前进，痛苦、悲伤并不能改变既定的形势，也不能删减其中任何一段情节。所以，眼泪也于事无补，它无法使你创造奇迹。那么，让我们停止流无用的眼泪吧！既然谁也无力使时光倒转，不如抬头往前看……"

卡耐基听完，终于明白了这些人快乐的原因。

自尊、自重、自爱，是我们需要秉持的原则，一个人，如果不自尊，有什么理由要他人来尊重你呢？如果不自重，忘记了自己的身份，忘记了自己的职业，忘记了自己的信仰，无论什么场合都十分随便，那么他人又怎能看得起你，尊重你呢？至于自己不自爱，你还能要求他人爱你吗？所以，自尊、自重、自爱的道理虽简单，但内涵深刻。自尊、自重、自爱是现代文明社会成员的一个基本素养，是每一个社会成员在信仰、为人处世当中需要经常秉持的原则，这样才能让作为社会主体的人活得有尊严。

人生没有回头路，也没有"后悔药"可吃。过去的已经过去，你再也无法重新设计。后悔，只会消弭未来的美好，给未来的生活增添阴影。所以，拥有了自尊、自爱、自重，才能"放下"、释然，而"放下"、释然才能快乐，才能不被过去纠缠，才会有幸福的人生。

心容万物，则眼中处处是阳光

南怀瑾在《论语别裁》中说，什么是"不忮"？以现代观念解释，就是心中很正常、坦荡，你地位高、有钱，但你是人，我也是人，并没有把功名富贵与贫贱之间分等，都一样看得很平淡，对人不企求，不寄希望，自己心里非常恬淡、平静。如此做人做事，"何用不臧"？哪里还行不通？

南怀瑾的这段话阐述了人只要拥有善待生活的心，随处看到的都是好风景。

有两个人去了一趟红叶谷。红叶谷风景虽好，但并不出名，所以游人不多。比起那些摩肩接踵、游人如织的知名景区，更可以优游从容地领略大自然的美妙。

一个人说："红叶谷一年只有 2 个月是红色的，平时都是绿色的，应该叫绿叶谷。"另一个人则不这么看。他说："我认为之所以叫红叶谷，恰恰就因为红叶谷一年之中红色只占 2 个月。"

红叶谷深处有一条小溪，溯溪而上，翻过一道瀑布，便到了蝴蝶涧。

蝴蝶涧本没有蝴蝶，只是因为山涧的形状酷似蝴蝶，故有此命名。一些闻名而来的游客，以为来到此涧，能观赏到万蝶竞舞的壮观。当他们没有看到，便责怪了这山涧的名不副实。

红叶谷的故事，一是说明人看事物角度不同，结论也不相同。二是讲述了有些人"心思满满"地来到这个世界，渴望得到美好的事物，渴望实现自己的梦想，但一遇困难便会放弃，退缩或怨天怨地。人都不希望在成就梦想与渴望的行程中遭遇不公平的对待，特别是在人生的旅途上，有哪个人不希望乘兴而来满载而归呢？这也许就是红叶谷和蝴蝶涧被人"说三道四"的原因所在吧。

其实，红叶谷和蝴蝶涧都是很美的，它们自然天成，没有丝毫人工斧凿的痕迹，在很多过度开发的现代商业社会中，已经难得有这样一处干净纯粹的自然山水了。

虽然蝴蝶涧里看不到彩蝶翩飞，但是在大自然的鬼斧神工下，它就是一只永恒的蝴蝶。如果你登上山顶，站在高处俯瞰蝴蝶涧，你就会发现它像蝴蝶一般的美丽；红叶谷也是一样，虽然一年只有 2 个月有红叶，但如果你怀着一颗期待的心，你就能够看到红叶谷的不完美中完美的妙处：红叶谷为了让人们观赏到这 2 个月的灿烂的"红"，它可是足足酝酿了 10 个月的"绿"。

红叶谷和蝴蝶涧的美，需要人们放缓脚步、以平和的心态去慢慢品味。

任何烦恼皆由心生。一个人只有让自己的心静下来，才能置世间的种种诱惑及困扰于身外，获得身心的安宁和健康。因此，学会控制、调整自己的情绪，心平气和者，才不会被气郁所伤。

有个黄药师，他家是祖传中医，传到他这一代已经是第七代了。

一天，来了一个病人，脸上一副十分痛苦的表情。

黄药师问他："你哪里不舒服？"

病人指了指自己的胸口："我常常感到心口疼，已经好几年了，有时疼起来觉都没法睡！"

黄药师一边详问其病情，一边诊脉，号其脉象弦数，心中已知其病源。于是写了一张方子，对他说："照此药方，坚持一个月，你的病就会有所好转。"

病人看了药方后十分不解，只见药方写道："早晨下地劳动，每次劳动至出汗为止；中午去寺庙听经，一直听到敲响暮鼓为止；晚上回去吐纳静坐，一直到困了想要睡觉为止。"病人有些气恼，花钱看病，这哪里是什么药方，简直就是折磨人嘛！于是他对黄药师说："为什么让我做这些不着边际的事？"

黄药师笑了笑说："胸口疼痛常常是生气郁结造成的。人体有六郁，即气郁、湿郁、痰郁、热郁、血郁、食郁。气郁为先，一旦治愈了气郁，你的心口疼自然也就好了！"

听了黄药师的解释后，病人将信将疑。由于黄药师是这一带最好的大夫，所以他想按照黄药师开的方子，回去试试看。

一个月过去了，这个病人的病痛果然不再疼痛了。他高兴异常，于是又找到黄药师想问个究竟。

黄药师说："让你早晨劳动，是因为你需要多活动筋骨，才能让心肺活跃起来；让你去听经，是让你心情平静，不烦躁，不乱想，并且想想听到的禅理；晚上让你静坐、吐纳，是让你在静的同时将胸中的不平之气吐出，调理心肺运行……这样一来，你的不舒服自然就会减轻了。"

病人恍然大悟，方明白黄药师的用药与用心。

许多时候，人很容易做自己情绪的奴隶，一旦悲忧恼怒的情绪占了上风，就会导致情志失调，形成气郁。一个人如果长期气郁，不但会让自己的心情低落悲观，也容易引发其他疾病；而病痛又会进一步加剧精神上的萎靡与烦躁，更不利于疾病的治愈。如此恶性循环，人就会整日生活在痛苦之中，身心两伤，难以自拔。

古话说，心容万物，则眼中处处是阳光；凡事计较，则胸中时时伏阴霾。平常人们也常说：境由心造，所以，只有将心归于平静，才不会在社会中迷失自我。

不要看不起小事

南怀瑾说：《金刚经》是从吃饭开始，吃饭可不是一件容易的事，在北京白云观有副名对："世间莫若修行好，天下无如吃饭难。"

南怀瑾的这段话借吃饭说明了不要看不起小事，生活中做好小事就不简单。

有一位虔诚的佛教徒，每天都会从自家的花园里采撷鲜花，然后到寺院里去供佛。有一天，当她送花到佛殿时，碰巧遇到了无德禅师从法堂出来。无德禅师非常欣喜地说："你每天都这么虔诚地以香花供佛，来世当得庄严相貌的福报。"

信徒非常欢喜地回答："这是我应该做的，我每天来寺礼佛时，自觉心灵就像洗涤过似的清凉，但回到家中，心就烦乱了。我是个家庭主妇，要怎样才能在烦嚣的生活中保持一颗清净纯洁的心呢？"

"你以鲜花献佛，相信你对花草总有一些常识，我现在问你，你如何保持花朵的新鲜呢？"无德禅师反问。

信徒答："每天换水，换水时把花梗剪去一截，因为泡在水里的花梗容易腐烂，腐烂后水分不容易吸收，花很容易凋谢！"

无德禅师说："这就对了，别看不起小事，我们每天做的都是小事，如同每次换水剪花梗为让花保鲜一般。"

佛家有语："佛法在世间，不离世间觉。离世觅菩提，恰如求兔角。"也就是说修行如果与生活脱节，就算学再多的佛法，也是没有用的。所以，吃饭穿衣虽然是平常小事，却可以从中悟出大道理，看出修行者的见地和功夫。

马祖禅师有个徒弟叫大珠慧海。

一天，有源禅师来找大珠慧海和尚。有源问大珠："和尚你修道用功吗？"

大珠回答："用功啊！"

有源又问："怎么用功法？"

大珠说："饿了就吃，困了便睡。"

有源问："每个人不都是这样的吗？"

大珠说："我和很多人不一样！"

有源问："哪里不一样？"

大珠慧海说："一般人吃饭时不肯好好吃饭，偏偏要想东想西，于是影响食欲；睡觉时又不肯好好睡，东想西想，所以睡不着。而我吃饭很香，睡觉很快，因为我心无杂念。所以，我跟很多人不一样。"

弘一法师是个著名的高僧，在日常生活中也非常注意自己的修行。

有一次，弘一法师要昙昕法师送一包纸给一个向他讨书法的人。那包纸里头包着零零碎碎、长短不齐的画纸碎条，同时还夹杂着不少长短不一的绳子。昙昕法师不解，问弘一法师这是什么意思，弘一大师向昙昕法师说："有些书法家、画家都有一个很不好的态度，人家送来请他们画画或写字的纸，往往用剩的都被他们没收了。我们出家人不能这样。我们得一清二楚，什么也不能随便占用。"昙昕法师被弘一法师这种对小事认真、俭朴的习惯深深地感动了。

还有一次，弘一法师生病了，昙昕法师要帮他洗衣，他却一口回绝了。昙昕法师劝他说："这没什么要紧的，你的身子不大好，我帮你洗好了。不过，我洗得不大干净。"弘一法师依旧拒绝昙昕法师的帮忙，并对昙昕法师说："我们洗衣一定要洗得干净才行。比如，我用来洗衣的水可一连用四回。打一盆水先用来洗脸；洗过脸的水，还可用来洗衣；洗了衣的水可用来擦地；最后剩水还可以用来浇花。因此，一盆水可有四个用途。我们出家人一定要俭朴，不可随意浪费。"

看，生活如同修行，任何事都是要从小事做起，而且还要做好。

第五章

生活就是一面镜子，

你笑，它也笑；

你哭，它也哭

真诚的心赢得信任

南怀瑾认为，人只有用真诚的心去待人接物，才能赢得别人的信任。简单点儿说，真诚从一言一行开始。

有一位老师上课时发给学生每人一张纸条，要求同学以最快的速度，写出他们所不喜欢的人的姓名。有些同学一个也想不出来，而有的同学却一口气列出 15 个之多。

老师将纸条逐一收上来，然后进行统计分析，结果发现，那些列出不喜欢的人的数目最多的，自己也正是最不受众人所喜欢的，而那些没有不喜欢的人，或者不喜欢的人很少的同学，也少有人讨厌他。

这样一个小调查的结果说明了什么呢？那就是：只有用真诚的心去待人接物，才能赢得别人的信任。

有心理学家列出了 555 个描写人的形容词，让人们指出其中哪些人品是他们最喜欢的与最厌恶的。答案分别就是"真诚"与"虚伪"。很多人写道，真诚的人能使人产生一种安全感，从而受人欢迎；而虚伪的人让人心里没底，难结良友。

《水浒传》中小小的梁山泊，为何有那么强大的吸引力，让那么多的英雄豪杰纷纷投奔过来，让那么多的朝廷命官甘愿落草呢？其实就是一个"诚"字。宋江礼贤下士，每当有人来投奔，他总是不计前嫌，以礼相待。众兄弟之间也是坦坦荡荡，有话直说，打完了架照样坐在一起喝酒，这种纯洁的人际关系不正是以真诚为基础吗？

以诚待人，就会在人与人之间架起心灵之桥，人通过这座桥，就会打开对方心灵的大门，并在此基础上并肩携手，合作共事。为人真诚，实实在在，对方会感到你信任他，从而卸除猜疑、戒备心理，真心实意地喜欢你。中国有句成语叫肝胆相照，亦即坦诚相待才会心心相印，所以，人与人相处，不能半信半疑、敷衍了事，更不能虚情假意、口是心非。

鲁宗道是宋真宗时太子的教师，其人忠厚老实，一生清廉。有一次，真宗有事召见他，于是就派人去找他进宫。宗道正和客人在酒店里喝酒，且酒兴正浓，便答过一会儿再进宫。

有人提醒他说："你如果去得太迟了，皇帝会怪罪您的，快想个什么借口敷衍一下吧。"鲁宗道说："喝酒，是人之常情，欺骗皇帝，则是以下犯上，犯有欺君之罪，是臣子的大过。"

进入宫中，真宗果然问他为什么晚来，宗道说："恰巧有个亲戚从远方来，所以同他一起饮了几杯。"真宗笑了，对宗道的诚实坦诚十分赞叹，认为他是个人才，可做大官，于是就执笔在纸上写道："鲁爱卿的职位可到参政一级。"

社会中，人际关系虽然非常复杂，但不管有多复杂，只要为人诚实，就会赢得他人的信任。正如翻译家傅雷所说："一个人只要真诚，总能打动人的，即使人家一时不了解，日后也会了解的。"

现如今，信任严重缺失，人们常感叹世风日下，更希望人与人之间要真诚，这是人们对真诚回归的热切盼望，但如果人与人之间都能以诚相待，社会肯定会和谐。

在这个世界上，不管做什么事业，实际上都是"做人"的延伸，有这样一个大家公认的公式：一个人事业的成功，只有15%是凭借他的专业知识和技能，另外85%要靠他的人际关系与处世的技巧，而人际关系与处世技巧的第一原则就是"真诚"。

一个人的能力终究是有限的，必须在群体活动和交往中得到发展。一个人所遇到的困难、危机，也必须得到他人的帮助、支持才能解决。人与人之间，就是这种相互依存的关系，因此，拥有一个广阔的人际关系网络，就等于拥有了一条光明大道。所以，扩大自己的人际关系网络，既可以有效增加接触各种"贵人"的概率，又可以储蓄自己的人脉，而这一切，均建立在信任的基础上。

一个人是否有"人缘"，在一定程度上左右着事业的成功与否。所以，我们要在交际实践中，探索如何与人相处，并努力扩大人际关系网络，因为编织好自己的人脉网，就是编织自己的"锦绣前程"。

神仙也是凡人做

南怀瑾在讲经时曾引用过一首诗："三十三天天重天，白云里面有神仙；神仙本是凡人做，只怕凡人心不坚。"以此来告诉我们，释迦牟尼佛也是非常平凡的，佛也是凡人修成的。他还说：圣人终归都是人，佛也是众生修成的。

佛教创始人释迦牟尼佛，本名悉达多，是迦毗罗卫的太子。王族的生活本是富足和舒适的，但是悉达多并没有贪恋个人的物质享受，他在少年时期就经常出去四处云游，对民间的疾苦有着非常深刻的认识。看到人们深受生老病死之苦，悉达多萌生了出家修道的念头。于是，在他19岁的时候，悉达多不顾家人的强烈反对，毅然选择出走，开始了他6年的苦行生活。

在此期间，悉达多"日食一麻一麦"，但却始终没有觉悟成道。后来，

他来到伽耶村的一棵菩提树下修行，并发誓"不获佛道，不起此座"，终于

领悟到解脱生死之道，大彻大悟，入道成佛。

还有一个故事。

南北朝时期，有一位名叫道生的年轻法师。他虽年轻，却并不守旧，

爱思考。有一次，有人问他："那些罪大恶极、坏事做尽的众生能不能成

佛？"当时的佛法还没有完全被翻译过来，《涅槃经》只有半部，上面并没

有对这一问题的解释。但道生法师却认为佛一定是俗人成的，一切众生只

要修行最后都能成佛，于是就回答说："能。"

其他的法师听说这件事后，非常生气，认为道生法师年少轻狂，连佛

都没有这样说，他凭什么就敢这样说？于是，大家就把他赶到江南去了。

道生到了苏州、金山一带，在山上搭了茅棚住下。那个时候，佛法都

在长江以北，这里并没有人会听他讲法，他只好对着一些石头讲。

有一天，他又对那些石头说："只要修行，凡人都能成佛，你们说对不

对？"说完，那些石头居然跳了起来。

这就是"生公说法，顽石点头"典故的来源。

后来《涅槃经》被全部翻译过来，人们才知道：原来佛也是这样说

的——一切众生皆可成佛。

南怀瑾还讲过一件发生在他身上的事。

他的一位老师自己没有儿子，看到自己的朋友生了一个儿子，非常高兴，激动得眼泪都掉下来了。

南怀瑾看到后说："老师，您还没有看开啊！"

老师抓住南怀瑾的手说："你认为我不应该动情？"

"对呀！"南怀瑾理所当然地回答。

老师又问他："你读过《中庸》没有？你背背看！"

于是，南怀瑾就把《中庸》背了一遍，当他背到"喜怒哀乐之未发，谓之中……"的时候，突然停了下来。

老师说："怎么不背下去？"

南怀瑾回答说："老师，我已经明白了。"

老师欣慰地笑了。

南怀瑾后来说："背到这里，我已经挨了一棒了。下一句：发而皆中节，谓之和。致中和，天地位焉，万物育焉。原来圣人也有情啊！"

所以，神仙也是凡人做，佛也是常人修成的。

人要讲诚信

南怀瑾认为，信用是一个人的立身之本，是做人的起码要求。

中国古圣人孔子说："人而无信，不知其可也。"意思是没有信用，就好像车子没有轮子一样，是无法走动的。他认为言必行，行必果。

一个人应允的承诺如果不能兑现，那就很难想象，还有什么样的事情，能让其有信用。

《左传》说："信，国之宝也。"认为诚信是治国的根本法宝。

《说文解字》释："信，人言为信。"即说出的话是一定要算数的。

古代周武王死时，成王的年龄还非常小，由周公旦摄政。一天，成王与小弟弟叔虞在宫中一棵梧桐树下玩，成王一时兴起，捡起一片梧桐叶，用小刀切成玉圭（符信）状，递给叔虞说："我要封你一块土地，这是凭证。"

叔虞很高兴，拿去找周公旦，周公旦听说后，来见成王，成王告知叔父是逗弟弟玩，周公旦严肃地说："无论是谁，说话都是要讲信用的，你身为天子，更要说到做到。"

成王于是划了一块地给弟弟。

这就是著名的桐叶封弟的故事。

人无信不立。言而有信，信中带诚，是做人的根本。

日常生活中，"说到做到"看似是极为容易的事，但真正做到却非易事。首先是说者对所要说的内容须十分确定，十分明了，而不能说一半藏一半，含糊其词，让人深浅莫辨，不得要领，更不能是说着玩，说了不算数。否则，这样的"说"，自然做不到"说到做到"，因为"说"都没有"说到"，何能"做到"？

有人说，遵守诺言是一项重要的感情储蓄，而违背诺言则是感情透支。事实也是如此。

战国时的魏文侯，有一次曾对管理猎场的人说："两天后，我要到此来打猎。"到了那天天却下起了大雨，大臣们劝他不要出去了，文侯说："我前两天与管理猎场的人约好的，今天去打猎，不管怎么说，不能失约于人啊！"

文侯贵为君王，却仍然如此重视与人的约会，可见，信义是自古以来最重要的一条道德准则。

　　诚信是中华民族的传统美德之一，是一种人人应该具备的优良品格。诚信是一个道德范畴，是公民的第二个身份证明，讲诚信的人是受人尊敬的人。

　　今天的社会竞争日益激烈，生活压力加大，交际活动增多，从某种意义上说，"诚信"是现代交际之本。人只有把"诚信"作为现代交际的准则，才能不断提升我们的交际质量。而诚信待人，能使人在人际交往中游刃有余。

　　有一位面包师做的面包香甜可口，深受大家喜爱。面包师一直从他的邻居——一个农民那儿购买黄油。突然有一天，他觉得本应是3英磅重的黄油好像不够分量。于是，他开始定期称一称黄油，发现每回分量都不足。他非常生气，决定要好好地惩治一下农民，就告到了法官那里。

　　"你没有天平吗？"法官问农民。

　　"有啊，法官先生。"农民回答道。

　　"砝码准吗？"

　　"用不着砝码，法官先生。"

　　"那你怎么称黄油呢？"

　　"这好办，"农民回答说，"在他买我黄油的日子里，我也在买他同样分量的面包，这些面包就是称黄油的砝码。如果砝码不准的话，我想不应该是我的错。"

于是，农民被判无罪，而面包师不但没有得到赔偿，反而因为缺斤短两遭到人们鄙视，生意日渐冷清。

诚信是人际交往的基本要求。小而论之，"人无信不立"，人与人之间最初级的交流和沟通，都是建立在"信"其所言的基础之上的。很难想象，一个不讲诚信的人如何能同他周围的人进行有效的交流和沟通；大而说之，国家与国家之间没有诚信也是做不了好邻居的。

顺境与逆境没有好坏之分

南怀瑾认为，人无论处于顺境与逆境，都有可能成功，也都有可能失败。关键还是看我们自己以什么样的心态去看待它们，以什么样的方法去把握自己的人生。

顺境与逆境，犹如硬币的正面与反面，没有好坏之分。在人生的道路上，人有时会遇到顺境，有时会遇到逆境；有的人顺境多一些，有的人则是逆境多一些。当然，人们都希望遇到顺境，而逆境则是大家都不欢迎的。

顺境能让人心情愉快，做起事来得心应手。但是，人太顺利了，也不一定是件好事，多少会让人有点得意忘形，看不到潜在的危机，看不清自身的现状，努力奋斗的心态也会逐渐懈怠，浮躁、骄傲、专横等毛病会越来越大，最终养成自大自傲的自以为是的性格。因此，人越是在顺境中，越应该小心谨慎、如履薄冰、如临大敌，这样才能将顺境牢牢把握住。

李自成在攻下北京后，事业顺利达到了顶峰，所以他失去了警惕。他对于满族的威胁视而不见，做事不再那么谨慎，自己忙着称帝，将领们忙着封官加爵，士兵们忙着抢掠民财，因此一个多月之后，就被赶出北京。

与李自成形成鲜明对照的是毛泽东，在革命即将成功之前，他多次强调"务必使同志们继续地保持谦虚、谨慎、不骄、不躁的作风，务必使同志们继续地保持艰苦奋斗的作风"，实际上就是教育我们的军队，越是在顺境中越要谨慎。因为提前打了预防针，所以在进驻北京城时，毛泽东很有信心地说："我们决不当李自成。"

当然，并不是处于顺境的人就一定经不起考验，如果在顺境中保持谦虚谨慎的态度，利用顺境中的各种有利条件，踏踏实实做事，就容易取得大成就。

居里夫人的两个女儿，从小生活在科学名门中，可以说一生下来就处于顺境之中。但她俩并不坐享父母的科学成果，而是经过自己的不懈努力，最终也取得了骄人的成就。

长女伊伦娜是核物理学家，与丈夫约里奥因发现人工放射性物质共同获得诺贝尔化学奖。次女艾芙则是音乐家、传记作家，其丈夫于1965年获得诺贝尔和平奖。

顺境中要谨慎，要谦虚，那么逆境中怎么办呢？不灰心丧志，不怨天尤人，尤其不能绝望、失去信心。

美国作家欧·亨利在他的小说《最后一片叶子》里讲了个故事：

病房里，一个生命垂危的病人看见窗外的常青藤的叶子，在秋风中一片片掉落下来。联想到自己的病情，病人想："等叶子全部掉光，我也要死了。"

一位老画家得知此事后，用彩笔画了一片叶脉青翠的树叶贴在长青藤上。结果，这最后一片"叶子"始终没掉下来，病人就认为自己一直有希望，最终竟奇迹般地活了下来。

很多人在高速公路行驶时不理解公路为什么是弯曲的，而不是笔直着无限延伸的，原来如果高速公路设计过于笔直，司机会产生驾驶疲劳，容易引发交通事故，因此才会有许多弯道以保证驾驶安全。

西方有种说法，上帝爱你，才让你受折磨。因为人在顺境中太顺利了，容易骄傲，所以上帝才用坎坷的逆境来提醒人们，帮助人们克服骄傲自满的情绪。就如，老师喜欢一个学生，总是敲打他、磨炼他，希望他能成才，而如果对于某个学生置之不理，那才是认为他"朽木不可雕也"。这也正像生活中出现的逆境，虽然会令人身心俱疲，但能磨炼人的毅力，锻炼人的不屈不挠品格。而这，正是成就大事者必备的心理素质。

如果你不幸身处逆境，不要绝望，要始终保持自强不息的状态，总有一天，逆境会变成顺境。在这方面，值得我们学习的人太多了：屈原因被放逐而写《离骚》；司马迁因遭宫刑而作《史记》；曹雪芹因家道中落而著有《红楼梦》；巴尔扎克因流浪街头而后才写出《人间喜剧》……正是有了这些逆境，才成就了他们伟大的作品与伟大的人格。

一次逆境，不意味着永远处于逆境之中，一次失败，也不意味着总是处于失败之中，只要你坚持，你努力，就有成功的希望。如果在逆境中妥协了，绝望了，放弃了，那最终肯定是会失败的。

常存感激之情

南怀瑾认为，常存感激之情，会让人有感恩的意识。

在现实社会中，很多人会拼命追求一些东西，而一旦得到了之后，又往往发觉这种千方百计弄来的东西并没有那么高的价值；而对于自身所拥有的一切，平时很不在意，而一旦失去之后，又会感觉到那是多么的珍贵，比如，健康、爱情，甚至是我们的亲人。

有人问一个盲人："你什么都看不见，这么活着觉得痛苦吗？"

盲人回答："我不痛苦。和聋子相比，我能听见声音；和下肢瘫痪者相比，我能行走；和哑巴相比，我能说话。我之所以能活得愉快，是因为我学会了感谢生活。"

"一战"期间，美国著名飞行员贝克驾驶的飞机在太平洋中坠毁，他侥幸逃生，在救生筏上整整漂流了 21 天后，被一艘经过的渔船救起。

回国后，有人问他："你从这件事中学到了什么？"贝克毫不犹豫地说："假如有水喝有东西吃，你就应该感激生活。"

当然，并不是每个人都有这样绝处逢生的经历，所以也就不是每个人都有如此刻骨铭心的感受。现实中的多数人总是贪心不足，对已经拥有的东西，不心存感激，不知道珍惜，而且常在盲目地追求着权势、名车、豪宅、美女……也许只有将他们放进大沙漠中，他们才会明白，拥有一杯水与一个面包，是多么的不容易。

对生活充满感激之情，并不是一个虚无的概念，而是可以实实在在做到的：我们应该感谢父母给了我们生命，感谢一日有三餐，感谢自己有衣服穿，感谢朋友带来了友情，感谢工作让我们有工资，甚至感谢我们活着，因为，能够健康活着，其实就很不容易了！

天使遇见一个诗人，他年轻、英俊、有才华，并且富有，他的妻子貌美而温柔，但他却感觉过得不快乐。

天使问他："你不快乐吗？我能帮你做点什么吗？"

诗人对天使说："其实我什么都有，但就是感觉没有幸福，你能够给我幸福吗？"

天使犯难了，怎么给诗人幸福呢？

过了一会儿，天使有办法了。他把诗人所拥有的都拿走：拿走他的才华，毁去他的容貌，夺去他的财产和他妻子的性命。瞬间，那个诗人衣衫褴褛，饿得半死。

半个月后，天使再将这一切还给了诗人。这次，诗人搂着妻子，不住向天使道谢。因为，他知道什么是真正的幸福了，即珍惜拥有就是幸福。

英国作家萨克雷说："生活就是一面镜子，你笑，它也笑；你哭，它也哭。"你感恩生活，你感激生命，生活就会赐予你灿烂的阳光，生命就会给你无穷的活力；你不感恩，你不感激，只知一味地怨天尤人，最终将可能一无所有！

人们在成功时，往往能够做到感恩生活，因为感觉比别人幸运；而遇到坎坷时，就会埋怨生活对自己为什么这么不公平，于是怨天尤人、满腹牢骚。殊不知，遭遇坎坷或不幸时更应该感恩生活。

一次，美国前总统罗斯福家失盗，被偷去了许多东西，一位朋友闻讯后，忙写信安慰他，劝他不必太在意。罗斯福给朋友回了一封信："亲爱的朋友，谢谢你来信安慰我，我现在很平安。感谢上帝：因为第一，贼只是偷去我的东西，而没有伤害我的生命；第二，贼只偷去我部分东西，而不是全部；第三，最值得庆幸的是，做贼的是他，而不是我。"

对任何一个人来说，失盗都绝对是件不幸的事，而罗斯福却找出了心存感激的三条理由，特别是第三条，体现了他作为伟人的优良品格。他用平静的心态来看待生活，不因琐事而烦躁，展现了一个伟人宽广的胸襟和气度。

你可以去感激生活，也可以去抱怨生活。但一味抱怨就永远只能生活在烦恼之中，若对生活中的一食一饮、一布一衣都能心存感激，那么生活必将充满阳光。

热爱生活，感激生活，享受生活，但必须懂得为生活付出！

压力也是动力

南怀瑾认为，压力无处不在，看你怎么对待，把压力看成大于天，就永远压力在身，不把压力"当回事"，压力就是动力。

生活像是一杯酒，我们每个人都在不断品尝着自己酿就的那杯独有味道的酒，但无论这杯酒是苦还是甜，是酸还是涩，我们都要把它喝下去。有人说，"哭是一天，笑是二十四小时"。人之所以烦恼，是因为对待压力心态不平和。人生旅途上，一帆风顺、十全十美的事情毕竟太少，古话说，人生不尽如人意者十有八九，这说明尽如人意者毕竟有一二。因此，刻意追求不现实的东西，只能陷于无尽的烦恼之中，而遇到的问题肯定也会很多，但多想想尽如人意的一二，心态就会平和。而与其羡慕别人，总把压力放在心中，不如化压力为动力，否则，失落的是自己；还有，像仇恨别人的事也不要做，因为痛苦的是自己；像抱怨的心态更是不能要，否则心态失衡的也是自己。人要想事事处处都完美无缺，无论什么只能好，不能坏，只能成功，不能失败，那么烦恼随之带来的压力永远都如影随形。

　　一群学生去教授家里做客，学生们都对自己的处境非常不满，每个人都在说自己"压力山大"。教授听后什么都没说，只是拿出家里各式各样的杯子让学生们自己取杯子倒水喝。

　　学生们很认真地挑选着自己喜欢的杯子，选到自己喜欢的漂亮的杯子的学生非常高兴，而那些没有选到漂亮的自己喜欢的杯子的学生就有些不高兴，这个时候他们似乎对喝水并不是很在意。

　　教授问道："你们选杯子的目的是什么？"

　　学生们不假思索地回答："喝水呀！"

　　教授说："选杯子就和生活一样，生活就是你们要喝的水，名利、地位只不过是盛水的杯子而已，假如你们把注意力都放在了杯子上面，那么就没有心情去注意水的滋味了。"

　　学生们听后恍然醒悟，诚然，拥有一个漂亮的杯子喝水很快乐，但不漂亮的水杯功能也是用以"喝水"的，水不因杯子的美丑改变功能，水的滋味也不因杯子外表而改变。

　　人为了生存就会有竞争，有竞争就会有压力。就像比赛，有人会意外跌倒与第一名失之交臂，但第一名总是存在的，因而，能够在压力面前保持一种豁达状态的人，远比拿到奖项和荣誉更重要，也更为珍贵。

　　一个老和尚肩上挑着一根扁担信步而走，扁担上挂着盛满绿豆汤的瓷壶。他一不小心失足跌了一跤，壶碎汤洒，但他从地上起来后，却若无其事地继续走。

后面一路人跑来说："喂喂，难道你不知道瓷壶已经摔破了吗？"

"我知道。"老和尚不慌不忙地回答道。

"那么，你为何不转身，看看该怎么办呢？"

"它已经破碎了，汤也流光了，我转身又能如何？"老和尚并不停步，边走边说。

这个老和尚是智慧的，西方有句话，不为打翻的牛奶哭泣。生活中每个人每天都会遇到各种各样的事情，有的事出有因，有的实属意外，面对这些事，人们常常会不由自主地背上各种负担和压力：疑惑、杂念、妄想、烦恼，等等，想得多了，就会被压力压得喘不过气来。其实，既然事实已经发生，我们无法改变既成的结果，那就不要再纠结。如果过去了的事再计较，未来没到的事也纠结，凡事都压在心里，人就会很痛苦。人一定要把心里的"担子"放下来，把心理上的"石头"搬开，放松一些，开心一些，因为，只有心胸坦荡，才能无所挂牵。

有压力不可怕，将压力化为动力，才会真正取得人生的成功。"行到水穷处，坐看云起时"，人如果能够做到像云水一样逍遥自在，抛却压力枷锁的束缚，伸屈自如，压力、动力从容转换，就能得人生的大自在。

好心态胜过功利心

南怀瑾认为，好心态胜过功利心。

人都渴望成功、渴望美好，都追求做事尽可能完美。然而有渴望、有追求，就会有遗憾、有失败。就像谁都无法确保自己的生活会一帆风顺。在人生的河流中，人总会遇到逆流，也会遇到狂风暴雨，但是无论生活处于什么样的状态，我们都要接受，而且还要摆脱坎坷、困境，继续向着自己的目标前进，而磨难也会让人变得坚强，会让人更快地成长。

在一次长跑比赛中，选手们一个个像离弦的箭冲了出去。一位选手在比赛中一直遥遥领先，可是就在即将要到达终点的时候，他却跌倒了。虽然他很快爬起来，但因为这个失误，最终只得了个第四名，与奖牌失之交臂。

赛后，很多人都为他惋惜，他还遭到了一些人的责难。可是他却谈笑风生，向比他成绩好的人祝贺。那份洒脱反而折服了周围的人，大家不由得暗暗佩服他宠辱不惊的心态。

"难道你就不为自己的失误感到一点遗憾吗？"有人不解地问他。

"这有什么好遗憾的呢，失误是我自己一时的不适造成的。再说呢，我确实是没有拿到奖项，比赛总有前后名，成绩也有先后嘛！虽然我不能左右命运对我开的玩笑，但是我可以左右自己的心情啊。还有祝贺他人取得成绩也是应该的，确实有人比我强啊。"

这位选手的心态真好，好到胜过了功利心。

有一位禅师，喜欢在附近的村中找一些儿童玩耍。有一天，禅师跟一个儿童游戏斗输赢，如果输了的话就要买饼子犒劳对方。

禅师说："我是一只大公鸡。"

儿童说："我是一条虫子。"

于是，禅师便做出公鸡扑食的样子说："大公鸡吃虫子！我赢了。"

儿童也不示弱，说："我不会飞走吗？"

结果，禅师领着儿童去给他买饼子吃了。

为什么禅师会认输了呢？按照一般的逻辑来说，鸡啄虫子，同样虫子也可以跳到鸡冠上去咬公鸡，如此反复你争我斗。然而，天真无邪的儿童却说出了一飞了之的答案。这正是符合禅的宗旨。

输赢固然重要，但有个好心态则比输赢更重要。人的心态千万不能为他人所役、为他事所役、为他物所役。心态好，精神就好，看待事物就不会悲观，对自己也不会苛求，这种态度其实就是一种明智的生活态度。

人的一生会经历各种生活，包括成功，包括失败与输局。我们唯有好心态，才能迎接生活的各种挑战。胜败乃是兵家常事，也是人生之常事。功利心要正确对待，有人说，功利心就如青天云与瓶中水，均为外在事物，只有好心态才是我们的宝贵财富。

中国古代有首歌："吃些亏处原无碍，退让三分也不妨。春日才看杨柳绿，秋风又见菊花黄。"

人拥有了豁达洒脱的胸襟，就能微笑面对生活，视功利心为外在物，而生活自有另一番乐趣。

第六章

是你的，请坦然收下；
不是你的，千万莫去强求

既生于世，故安于斯

南怀瑾认为，活在当下最为重要。

佛家爱说"当下"，实际上"当下"就是指"现在"。

人生说长也长，说短也短。许多人倾其一辈子追求家里有钱、社会上有地位，以及生活安逸，这表现了一种生活态度，但追求来的死后并不能带走，所以，拥有这些说明不了什么，而唯有活得有意义才不愧对人生。

唐代洞山良价禅师有一首著名的偈语："不求名利不求荣，只求随缘度此生。一个幻躯能几时？为他闲事长无明？"洞山良价禅师的诗有些消极，但在"不求名利不求荣"上确实说出了"追求"的真谛。

古人说，名闻利养，人人所求。但是有名利就会有伤害，有荣誉就会有耻辱。如果一个人见名不惊、见利不焦，无宠不悲，无荣不辱，就是在一定程度上看破、放下了功名利禄。

从前，有一个山民以采樵为生，日子过得非常的辛苦，仍改变不了自己穷困潦倒的生活。他在佛前也不知烧了多少高香，天天都祈求大运降临，脱离苦海。不知道真是佛祖慈悲显灵，还是他的真心感动了上天。一天，他在山坳里竟然挖出了一个一百多斤的金罗汉！转眼间，他荣华富贵加身，又是买房又是置地。宾朋亲友一时竟比往日多出好几倍，大家都向他祝贺，目光中充满着羡慕。可是，山民只是高兴了一会儿，继而犯起愁来，食不知味，睡不安稳。

"我们现在这么大的家产，就是贼偷，也一时半会儿不会被偷光啊！你到底犯啥愁呀？"他老婆见劝了几次都没有效果，开始高声大嗓地埋怨起来。

"你个妇道人家哪里知道，怕人偷只是原因之一。"山民叹了口气，说了半句便将脑袋埋在了臂弯里，又变成了一只闷葫芦。

他老婆又劝了他半天，山民说："人们常说十八罗汉，现今十八罗汉我只挖到了其中的一个，其他十七个不知在什么地方。试想，要是那十七个罗汉全部都被我挖出来归我所有，那我就心满意足了。"

原来，没找到十七个罗汉才是他犯愁的最大原因！

且不说十八罗汉有没有影，故事中的山民挖出了一个金罗汉已属幸运，山民凭此金罗汉已过上了他以前想都不敢想的奢侈生活，可贪心不足蛇吞象，山民仍执着于还没有得到甚至也许根本不存在的另外十七个金罗汉上。山民的追求太多，贪心无境，把人我、是非、得失等看得超重、超计较，甚至到了执着状态，增加了自己的负累与人际纷扰。

很多人最大的弱点就是得陇望蜀，贪得无厌，心有妄求。其实，过分的追求和刻意的敛财虽然会使自己得到一时的快乐，但却失去了人生活着最根本的意义——奉献大于求索。许多时候，人极容易受到私心杂念的影响，忘却了奉献的道理，心中不断充溢怨恨，不满身边所拥有的一切，不择手段去"致富"、"求地位"，导致在无形中，限制了自己生命的气度与生活的格局。

有一位父亲，生了三个儿子，由于望子成龙，所以平日对子女管教严格。一天，刚好有空，他一早就在餐桌前等着孩子们一起用餐。

一会儿，老大含笑下楼来了，父亲挥手要他坐在左手边，关心地问他："昨晚睡得还好吧？"

老大说："很好呀，我做了一个好梦，梦见到天堂去玩。"

父亲笑着问他："那你对天堂的感觉如何呢？"

老大说："天堂里很温暖，连空气都甜甜的，有家的感觉。"

接着老二也下来了，父亲要他坐在右手边，一样问他："昨晚睡得好吗？"

老二说："好极了，我梦见了天堂哩！"

父亲笑着问他："那你对天堂有什么感觉？"

老二说："非常好非常好，就像我们家一样。"父亲笑得更灿烂了。

老三晚起，被他母亲硬从被窝里拉了出来，心不甘情不愿地匆匆漱洗也下楼来了，这个老三平日叛逆成性，最让父母亲头疼了，父亲要他坐在正对面，同样话题问他："昨晚睡得不好吗？"

老三噘着嘴说："我昨天晚上做了一个噩梦，梦见到了地狱。"

父亲听了说道："那地狱如何呀？"

老三眨眨眼说："糟透了，糟透了，就像我们家一样……"

佛经说："一水四见。"水对人们来说，是水；对鱼儿来说，是它们的房子；对鬼道众生来说，是烈火；对天神来说，则是晶莹剔透的水晶。为什么会一水四见呢？"因为一切想法从心生"，虽然同样是水，不同的用心，就有不同的观照。

上面故事中三个儿子生长的环境与条件完全相同，但老大、老二觉得家里温馨得像天堂，老三则觉得家里冰冷得像地狱，这也如同"一水四见"的道理，乃是由不同的用心所引起的差异！换句话说，老大、老二两个儿子的心胸是敞开的、是包容的，所以觉得家里像天堂；老三的心则完全被自己的心态卡死了，所以觉得家里像地狱。由此可以看出，我们的心其实就是一条路，心开，路就开；心堵，路就堵了。

所以，唯有持本心、无怨念，以感恩的心，去看待周围的一切，才能舒畅心灵，开阔自己的视野，使自己拥有一个知喜乐、观自在的人生。

能 "吃苦" 是一种资本

南怀瑾认为，成大事者都是能吃苦的人。他总是教导学生吃苦在先，享受在后。

我国白族人民有独特的待客之道，即呈给客人著名的"三道茶"，第一道：苦茶；第二道：甜茶；第三道：回味茶。三道茶"先苦后甜"，包含着一种人生哲理，那就是做人做事要先吃苦，然后才能吃到甜。

生活中，事业中，人生的旅途中，大凡成功者，都是先吃"苦"，然后才获得"甜"的。所以，能"吃苦"是一种资本，一种保证未来能够得到"甜"的资本。

有首歌谣唱道："人说天上好，神仙乐逍遥。"但神仙也是人做出来的，如果修炼怕吃苦，就当不成神仙。只有吃得苦中苦，神仙才能修炼成啊。人但凡想干一番事业，基本上都要能吃苦，能吃各种各样的苦：身体劳累

之苦、工作辛苦之苦、环境恶劣之苦、气候难耐之苦、离乡背井之苦、

抛妻别子之苦、寂寞孤独之苦、上当受骗之苦、失败挫折之苦、血本无归

之苦……

"不怕苦地想，不怕苦地说，不怕苦地跑，不怕苦地干。"这就是温州

人创业初期的真实写照，他们的吃苦精神，是全国人民都认可的。

俗话说："吃得苦中苦，方为人上人。""威力"打火机的老板徐勇水当

年为筹集创业资金，将东北的铝锭"贩运"到温州去卖。由于没钱雇人，

他自己搬运铝锭上火车，结果被脱手的铝锭砸伤脚；而为了"押运"车皮，

他几天几夜不敢合眼。最终成就了自己的事业。

"吃苦"是人生必经的事，是一种资本。要做好一件事情，必须要经过

艰苦的奋斗；要获得一种本领，也必须要经过艰苦的磨炼。人在困境面前，

不会"吃苦"，肯定不能成功；即使在一帆风顺的情况下，没有吃过苦的

人，也很容易被突如其来的小困难、小坎坷所吓倒。

彼得大学毕业后，决定先去一家小出租车公司应聘做出租车司机。他

邀请大学同班同学一块儿去应聘，但遭到了同学们的耻笑，他们说："我们

可是哈佛大学的毕业生，怎能去做出租车司机那样的工作？这也太苦了。"

结果班里只有彼得一人做了出租车司机。

彼得开了2年多出租车，学会了经营管理，不久自己开了一家出租车

公司，生意异常好。后来，另一家出租车公司经理看中他的经营才能，想退休，但子女中没有人愿意经营他的只有几十辆车的小公司。经理便找到彼得，以极低的价格把公司转让给了他。彼得的事业得到了发展的转机。

又过了几年，彼得已拥有1000多辆各类汽车和两家子公司，资产达上亿美元，而他的那些同学大部分还只是普通的白领。

彼得在谈起自己的成功经历时说，在找工作或创立自己的事业时，许多人第一个考虑的并不是这个职业或行业能不能赚钱，会不会给自己带来新的机会，而是考虑做这个工作是不是很吃苦。诚然，社会上有些工作表面上看很吃苦，但对一个成大事的人来说，吃苦的工作更意味着机会，人只有吃苦，才能珍惜获得的事业。所以，人只要去努力了，并坚持下去，理想就有希望实现，机会的大门也会永远为你打开。

从前有一位著名禅师名叫南隐。有一天，当地的一个名人特地来向他参禅。那个人喋喋不休地述说自己的烦心之事，南隐则默默不语。只是以茶相待。他将茶水注入名人面前杯中，满了也不停下来。眼看着茶水溢出茶杯，流到桌子上，继而流下桌子。名人着急说："已经满出来了，不要再倒了。"南隐说："你就像这只杯子，里面装满了自己的看法和想法，如果不把杯子倒空，怎么再倒新水呢？"

这个故事讲了"空杯心态"，也就是要"破和立"的事。"空杯心态"

对于人来说十分重要。"空杯"就是能正视自己，及时清空过时的知识、思想，打开自己的局限性，使自己处于永不满足，永远学习、进步，保持身心活力的氛围中。

一个人，当"杯子"满时，就难免会狂妄自大、一意孤行，甚至心理膨胀。而带着自满心态处理问题时，更会犯"一叶障目，不见泰山"的错误。反之，定期"空杯"，人就会谦虚、谨慎，实事求是，并且乐意吸取经验教训，面对问题能从容不迫，虚心听取他人意见，取长补短，正确面对问题和解决问题。"空杯心态"就是当你被赞扬包围时会警惕，在鲜花、掌声面前会保持平常心，在困难挫折面前不失信心。"空杯心态"还会让人保持旺盛的求知欲，为新知识、新能力的注入思想留下空间。

人的一生中，只有不断清除各种阻碍自己进步的东西，才能吸收新的东西，诚如弘一法师所言，"先将不良之习惯等一一推翻，然后良好建设乃得实现也。"

中国古语说："天将降大任于斯人也，必先苦其心志，劳其筋骨，饿其体肤，空乏其身，行拂乱其所为，所以动心忍性，曾益其所不能。""空杯心态"是对自己的思想做彻底的"以旧换新"，但这一过程并不容易，是很痛苦的过程，与"先苦后甜"有异曲同工之妙。

合作的力量

南怀瑾认为，自己的一生是与人合作的一生，他说，不能与人合作的

人，干不出大成就。

与人合作相对于单打独斗的优势在于，拳头的力量大于手指的力量，

整体的功能大于部分之和，会产生 1 + 1 > 2 的效果。世界著名的诺贝尔获

奖项目中，因合作获奖的占三分之二以上，这就是合作的力量。

合作为什么会有这么大的力量？因为每个人都有长处也有短处，合作

是"取人之长，补己之短；取己之长，补人之短"。不仅人与人合作是常

事，公司与公司、国家与国家间的合作也是常事。

聪明的人很少单打独斗，他们都是在发展中设法与人合作，取得双赢。

耐克鞋业公司是世界上最大的运动鞋供应商，但它并没有自己的工厂，也

没有一个制鞋工人。但在全世界其他国家，有 50 多家工厂是它的合作伙

伴，每年为耐克生产 9000 万双运动鞋。

与人合作不是占人家的便宜，让人家替你卖命，而是取长补短、共同发展，追求双赢，让大家都有好处、有利益。比如耐克，它节约了生产成本，能将精力专注于产品的研发和品牌的推广上，只要耐克品牌不倒，为它生产的企业肯定也会有大发展。现今，这种双赢的模式，已被众多大小企业效仿。

双赢，就是交易的各方没有输家。李嘉诚曾说："赚钱的买卖不一定是成功的买卖，成功的买卖是令双方都满意的买卖。若不懂这一点，生意绝对做不成，而且愿与你合作的人会越来越少。"

我国一汽公司最初选择合作伙伴时，选定的是国际某知名汽车公司，并成功地与之签订了轻轿车两用发动机的合同。但在一汽引进整车的时候，这家公司自以为奇货可居，便提高报价。

不得已，一汽只好放弃这家公司，转而把目光投向德国大众。诚恳务实的德国人很快和一汽签订了合同。现在，看到中国到处都是奥迪车的时候，那家公司才知道后悔莫及的滋味。

过去，我们经常说不要"损人利己"，有人认为要"利己"必须先"损人"。这是不对的。通过有效合作而取得皆大欢喜结局的双赢观念在现代社会逐渐形成。像波音与麦道、苹果和IBM、可口可乐与百事可乐等，在过去都曾是死对头，而现在呢？波音与麦道已经合并，苹果和IBM相互支持，可口可乐与百事可乐正在酝酿联合。

在人际交往中，双赢的法则同样有效。双赢能够帮助别人的同时接受别人的帮助，双方最终都将获得独自奋战所不能拥有的东西。

如今的时代，"双赢"无处不在：海峡两岸中国人追求的是"双赢"，国际贸易间追求的是"双赢"，构建和谐社会，处理人与自然之间、人与环境之间、个人与集体之间的关系，"双赢"都是最好的选择与结果。

所以，在我们的人生中，也要遵循双赢的原则，把生活看作一个利己利他、互惠互利的合作的舞台，而不是有你无我、你死我活的角斗场。

海蓝给自己看，人为自己活

南怀瑾认为，人的生命是宝贵的，但人的生命也是有限的，因此为自己活不与他人攀比最重要。

现今，很多人认为社会发展得实在太快了，让人的自信心越来越少，自卑却越来越多，很多人的内心变得脆弱，时时生出事不如人、"越活越背"的感觉。

有个人，从前最大的一个愿望就是能自己买一辆车，再不"蹭"别人的车。后来他终于买了自己的车，按理说应该满足了，但他发现和别人比，自己开的实在是一辆"破车"。大家一起开车出去的时候，他的头更抬不起来了。

有个人，原本在家乡工作，嫌工资低丢人，去了大城市。在那里，他的收入翻了三倍，可还没来得及高兴，他就发现他这样的收入，一辈子也别想在大城市里买上一套房。而为了这份收入，他付出的代价却远远高于过去在家乡的三倍。

……

上面的这些人，就是当下举目所见的不为自己活的代表。商品经济的快速发展，使很多人在金钱面前迷失了自我。人们似乎不明白为谁而活，不仅对事物缺乏判断，盲从和跟风，还竞相争着与人比高低、争短长，目的就是为了赢得别人的羡慕眼光、好的评价和赞美的议论，给自己争个"面子"。说到底，他们活着，就是要活给别人看。

所谓"活给别人看"，就是把自己的快乐、幸福和价值观建立在别人认可、肯定的基础上。别人说你行，你就行；别人说你不行，你也就认为自己真的很差劲。"活给别人看"的人，往往要求自己活得一定要风光，一定要做人上人，一旦不如人，就悲观厌世。这样的"活法"，失去了真正的自我，既弄不清楚自己真正需要的是什么，也不懂得真正地欣赏自己。

有一位诗人，写了不少的诗，可以说小有名气。可是，他并不满足，因为他还有相当一部分诗没有发表出来，为此，诗人很苦恼，就去找一位朋友倾诉。

这位朋友是个哲学家，听到诗人的苦恼，他笑了，指着窗外一株茂盛的植物说："你看到窗外的那株花树了吗？那是夜来香。你应该知道，这夜来香只在夜晚开放，所以大家才叫它夜来香。那你是否知道，夜来香为什么不在白天开花，而在夜晚开花呢？"

诗人看了看朋友，摇了摇头。哲学家笑着说："夜晚开花，并无人注意，它开花，只为了取悦自己！"

诗人一愣："取悦自己？"

"对。白天开放的花，都是为了引人注目，得到他人的赞赏。而这夜来香，在无人欣赏的情况下，依然开放自己，芳香自己，它只是为了让自己快乐。一个人，难道还不如一种植物？"哲学家看了看诗人，又接着说："许多人，总是把自己快乐的钥匙交给别人，以为自己所做的一切，都是在做给别人看，让别人来赞赏，仿佛只有这样才能快乐起来。其实，人生更多时候，应该为自己做事。"

诗人明白了：一个人，不是活给别人看的，而是为自己而活，要做一个有意义的自己，只有取悦自己，才能不放弃自己，也才能提升自己，从而影响他人。就像夜来香夜晚开放，无人欣赏，但许多人却都枕着它的芳香入梦。

不可否认，在受到别人的表扬、得到别人的欣赏时，我们会感到快乐，感到自己有价值，这是正常的心理现象。但要记住：现实生活中，每个人都不可能让所有人都满意；无论你表现得多么出色，多么与众不同，也总有人不喜欢你。既然这样，何不怀着一颗平常心对待他人的评价呢？人只有爱自己，才会活出不一样的风采。

苏珊·波伊儿，47岁，是一个无业大妈，她满脸皱纹、头发蓬乱、腰圆腿粗。当她走上选秀节目"英国达人"的舞台时，观众和评委发出嘲笑的嘘声。

但是，这丝毫没有影响她的心情。她旁若无人地唱起音乐剧《悲惨世界》中的歌曲《我曾有梦》，当天籁之音出人意料地从她口中流淌而出，整个舞台为之屏息。那一刻，外表粗俗的她迸发出巨星的光芒。

后来苏珊说："我早就预料到人们看到我的外表会有些鄙视，但我决定让他们刮目相看。在'英国达人'之前，我一直没有合适的机会。但我知道我必须不断努力，一步一个脚印，这样才会成功。"

苏珊大妈的传奇强有力地证明了，人不是活给别人看的，只要你的确有真才实学，即使你只是一个小人物，总有一天也能散发出自己独特的光芒。

人生在世，身体是自己的，灵魂是自己的，生命是自己的。所以，日子必须自己过，至于过得好不好、快不快乐，最终得听自己内心怎么说。而自己身上所有一切，既然都是自己的，为什么要活给别人看呢？

人，应该活给自己看。台湾诗人痖弦有一句绝美的诗："海，蓝给它自己看。"而人，也应该真诚地为自己活。一个人如果能将生命的蔚蓝展示给自己看，那一定是活出了最高的人生境界。

爱自己的不完美

南怀瑾多次承认自己有缺点，他说，人不是完美的，就像世界也不是完美的。

有这样一个故事：在撒满了贝壳的海滩上，一个青年正在拾贝，他要找到一个最完美的贝壳。但他每捡起一个，瞧一瞧，都觉得不满意，然后就随手把它扔掉。就这样，他捡了一个下午，却始终没有找到自己心目中最完美的贝壳。

后来有一天，他终于非常幸运地找到一颗硕大而美丽的珍珠，但遗憾的是，珍珠上面有一个小小的斑点。他想，若是除去这个斑点，该是多么完美呀。于是，他刮去了珍珠的一部分表层，但斑点还在；他又狠心地刮去一层，斑点依旧存在。于是他不断地刮下去……最后斑点没有了，而珍珠也不复存在了。青年追悔莫及，一病不起，临终前他无比忏悔地对家人说："我若不去计较那个小斑点，现在我手里会攥着一颗硕大美丽的珍珠！"

瑕不掩瑜。这是自古以来的真理。人人都喜欢追求完美，但有一个事实是我们必须接受的，那就是：世界上没有任何事物是完美的，包括我们也不是完美无缺的。所以我们要学会不苛求生活中的琐碎小事，不对自己的缺陷过分挑剔。我们越早接受这一事实，就能越早地拥有轻松的心态。

美国大发明家爱迪生有过1000多项发明，被誉为"发明大王"，但他在晚年却固执地反对交流输电，一味主张直流输电，然而事实证明，交流输电在很多时候比直流输电运用更广；电影艺术大师卓别林创造了生动而深刻的喜剧形象，但他却极力反对有声电影，但今天有声电影却成为了电影的主流。爱迪生、卓别林他们完美吗？当然不完美，但他们依然伟大。

人都喜欢追求完美的形象，但不幸的是，极少有人的形象能符合自己心目中的"完美"标准。当你站在一面穿衣镜前观察自己的脸和全身时，你可能喜欢某些部位，而不喜欢某些部位。当你认为自己有些地方可能不怎么"耐看"，你会感到深深地不安。其实，每个人都有让自己不安的地方。因此，如果你看到自己不喜欢的地方，请你不要逃避，不要自卑，不要否认自己的全部。你需要面对你不喜欢的地方，呵护它，爱护它，慢慢地，你会发现不喜欢的地方会有让你惊喜的改变。但如果你总用苛求的眼光来看待自己不完美的地方，你就无法自我接受，自我肯定。

在人们心目中，出现在杂志封面上的模特或女演员们形象是完美的，她们容光焕发，气质高贵，拥有令人惊羡的身材。于是许多年轻女孩会以她们为偶像，想着：哦，如果我看起来和她一样就好了。但是人们不知道，实际情况并不是那样的。很多"完美"的模特和女演员们都经过了长时间的装扮，她们的头发经过专业发型师几个小时的细心打理，她们的形象是她们付出了某种"代价"换来的，比如屏气收腹，使头保持在某个高度和角度上。因为，世界上并没有绝对完美的人，所谓的完美只是人们的想象。

英国女星、《泰坦尼克号》的女主角凯特·温斯莱特曾经对年轻女孩们提过这样一个忠告：世界上并不存在任何完美的事物。你不应该总是期待着完美，而对自己过于挑剔。对于年轻女性来说，有一点是非常重要的，那便是不管电影和杂志怎样误导你，你都要对自己感到满意。

温斯莱特曾经谈到过这样一件事情：有一次，她正在看一个名为"我想有张明星脸"的电视节目。节目讲述了一个女孩的整容经历，而那个女孩恰好希望自己看上去像温斯莱特。起初，温斯莱特还看得饶有兴趣，但在几分钟之后，她开始哭泣起来。令她震惊和痛心的是，这个女孩竟然切除了自己的一部分胃，仅仅是为了拥有所谓"完美"的身材。

温斯莱特说："我为她感到痛心，因为她被某些杂志和电影呈现出的我的完美形象深深地误导了。……我没有又翘又浑圆的臀部，我也没有丰满的胸部，我的小腹不平坦，相反，我的臀部和大腿上堆积着大团的脂肪，这才是真正的我。真的，我不是那种火辣的美丽女星，我根本就没有那么完美的身材。"

如果说温斯莱特身上有什么完美的地方，那并不在于她的身材或容貌，而在于她成熟平和的心态。她看穿了"完美"的真相，懂得自己不够完美才是真实的自己，但她并没有因此而苛责自己，即使她已成为万众瞩目的明星，她依然坦然地接受了自己不够完美的地方。她让自己向着完美进步，最终成长为一名优秀的电影演员。

所以，不要总是期待着完美而对自己过于挑剔，像为了减肥而苛待自己，像为了成为一个明星那样而去整形。你就是你，不必去模仿那些他人的"完美"；坦然接受不完美的自己，做自己喜欢的事情，你同样可以很优秀。现今，许多人不肯接受有缺陷的自我，于是就参照某个"完美"的模子，把自我重新塑造一遍，结果却失去了真正的自我。一个成熟的人，懂得去营造自己独特的地方，让自己从内而外散发着特有的魅力。因为他们知道，这个世界不存在完美。

你就是你，你同样可以很优秀。

心每天快乐，人就开心每一天

南怀瑾认为，人活着开心是第一位的。世上再没有比开心更快乐的事了。古语说，千金一笑。也是这个理。

人的开心与否，完全取决于自己对生活的态度，对精神世界的快乐的追求，开不开心与物质生活是没有多大关系的。像爬雪山、过草地、吃树皮的红军战士照样可以笑着唱歌前进，像名流明星、亿万富翁中充满烦恼者也大有人在。

经常感到开心快乐的人，并非总是有快乐的事。他们开心的秘诀，在于他们善于给自己找快乐。

宋代文豪苏东坡，一生命运坎坷：受排挤，遭诬陷，陷牢狱，受辱骂，多次被贬，甚至有时候穷困潦倒。但是，无论遇到什么挫折，他都能化苦为乐，苦中求乐，保持潇洒的心境，快快乐乐地开开心心地生活着。他被称为"坡仙"，既是因为他有绝代的文学才华，也是因为他有快乐的心态。

有一次，苏东坡被人诬陷，坐了一百多天的牢。出狱后，他想到的并不是如何平反、报仇之类的事情，而是愉快地想终于出狱了，该怎样快乐度过有生之年，看，这想法实在难能可贵。

每个人都想快快乐乐、开开心心地度过一生。然而现实中的很多事不尽如人意，经常让人心情郁闷愁烦。但既然来到这个世上，而且只能来一次，生命如白驹过隙，不过短短几十年，没有理由不快乐、不开心地生活。即使命运坎坷，只要自己拥有乐观的心态，依然会有无数个快乐开心生活的理由。哪怕遇到失败、打击，也会笑对生活，让自己从苦难中快速得到解脱，成为一个活得快乐、潇洒的人。

一个人越是走投无路的时候，乐观就越是一笔巨大的财富。有了乐观，人就能够坦然面对生活，就能够等待时来运转。如果连乐观的心态这笔财富都没有了，那可真是彻彻底底地走投无路了。

世界对每个人都是公平的，每个人都有开心快乐的时候，也有愁苦心烦的时候。千万不要以为他人每天都很幸福，他人说不定还羡慕你呢。每个人都有光鲜亮丽的一面，所以遇到什么不开心的事情，就应该及时地把它忘掉，多想想开心的事情，多创造开心的事情，这样我们活在这个世界上才有意义。

有个老太太有两个女儿，大女儿嫁给了一个卖伞的生意人，二女儿在染坊工作。这可使老太太天天忧愁，她着急啊：天晴了，担心大女儿的伞卖不出去；天阴了，她又担心二女儿染坊里的布晾不干。所以，不管晴天雨天，对老太太来说都是忧愁的日子。

邻居有位生性豁达的老头儿，知道老太太为此一筹莫展，就劝她说："你应该天天高兴才对，你想啊，雨天你大女儿的伞好卖，你高兴吧？晴天你二女儿染坊生意好，你也该高兴吧？对你来说，天天都是好日子啊，你老真有福气啊！"

老太太一想，还真是那么回事，从此，不管雨天晴天，她天天笑口常开。

心态的积极与消极，不在于客观原因，在于自己的一念之间。很多时候，很多事情，只要跳出思维的定式，换个角度看问题，就会感觉峰回路转、豁然开朗！

人对事物的看法没有绝对的对错之分，但有积极与消极之分，而且每个人都必定要为自己的看法承担最后的结果。为此，一位哲人曾语重心长地告诫人们：无论做什么事情，你的态度决定你的思想高度。

心是快乐的，生活就会快乐。

人生不要太在乎结果

南怀瑾认为，做事只管尽心去做就好了，有时结果是强求不来的。就像人生有诸多的岔路口，每一个结果都是不同的。

有一个老和尚已经年逾八旬，整日暮鼓晨钟、诵经传道，有一天，一个神情落寞的年轻人来到寺庙烧香。上完香，他请求老和尚为他算一卦。

老和尚问年轻人：“为什么要算卦？”

年轻人说：“总付出，却不成正比，少有回报。我想知道未来的生活会怎样？”

老和尚微微笑着，他端详着年轻人的脸，这张脸因心事重重而满布着阴云。他对年轻人说：“你心绪有点乱，需要宁静。”

年轻人疑惑地看着他。老和尚继续说道：“不要太过于在乎结果，你很年轻，年轻是你的资本，好好把握你的资本。我送你两句话：是你的，坦然收下；不是你的，莫去强求，是你应做的，但没得到也不要沮丧。"

人的一生总要做事，做事必要有所付出，但是付出并不一定会得到想要的回报。如果在付出之前就先考虑回报，那么预期的回报一旦不能实现，自然就会心生沮丧与烦恼。

那么，我们如何从另一个角度去看待付出与回报呢？

付出是一个过程，有无得到回报是必须经历的过程，而种种成与败，对每一个人的成长都是一次次的历练。在历练中，我们学会了在实践中学习，积累了宝贵的经验；我们懂得了成就事业的不易，会更加珍惜今后的所得。我们的心智会成长、成熟，当我们学会反省，学会把握事物的能力就提高了，我们的收获就会更大，就会更有意义。

几年前，小李在一个古玩市场遇到一块玉璧。璧身内环素面无饰，外环云雷纹透雕，做工细致精良，色泽饱满温润。小李虽是喜爱，但由于对年代没有十分的把握，心中有些犹豫，便放下了。

小李又去转了其他的摊位，但心里总又想着它，转过一圈没有遇到心仪之器，就回去想再看看那一块玉璧，但是摊主告诉小李说，那块玉璧刚刚已被人买走了。人说玉讲究缘分，对于那块玉璧，小李有缘与之相遇却无缘拥有，留下了永远的遗憾。

但错过又有何妨呢？生活不会永远事事如愿。错过只是生活一次次对我们的心灵承受能力和成熟程度的小小挑战与试验，它让我们的人生经历更加丰富，让我们的生命更有厚度，让我们更懂得珍惜拥有。所以，错过固然可惜，但也不必沉湎于遗憾的感伤之中而无谓地荒废时光。要懂得珍惜现在，懂得善待已经拥有的！这才是最最重要的。一个人不可能拥有世界上的一切美好，所以错过的时候，不要耿耿于怀；拥有的时候，要更加珍惜。

生命中我们总会错过一些人、一些事，"万无一失"不过是一种美好的愿望。有些错过我们没有意识到，便过去了；有些错过我们意识到了，便追悔莫及，心中设问出无数个"如果"，于是总也不能释怀。其实，当我们的心中能有所思、有所悟、有所得，心灵才会成熟一步。这便是"失之东隅，收之桑榆"的道理吧。

生活中人不可能事事顺遂心愿，正如月有阴晴圆缺，对于得与失我们同样需要有不过分在乎结果的态度。付出了，无论得到与否，都要把它看作是正常的结果，心平气和地去接受。

人只有拥有了平和的心态，拥有了超越得失的豁达心情，心头才不会再有阴云笼罩，更不会去求助于虚无的占卜算卦了。

生活中，有付出，有得到回报的时候，但也有得不到回报的时候。有果也罢，无果也罢，都要坦然面对、平静接受。因为，生活总是要继续，而拥有一个良好的心态，才是成就大事的开始。

人做任何事情，不能不在乎结果，但也不能太在乎结果。从某种意义上说，心诚——无论是信仰还是做事，是做事最基本的一种要求。有句俗语，叫"心诚则灵。"心诚，换言之，是成功的开始。一个人如果连心都不诚，妄生杂念，那么做什么事都不可能成功，即使偶然做成，最终也不会长久；待人也是如此，如果有诚意，那么人人愿交你这个朋友，事事愿帮你；如果你对人虚情假意，心不诚不纯，那么交了朋友也只是一时之交，得到的也是虚情和假意，最后成为陌路之人。

在古代，有个叫金孝的人，他与老母亲相依为命。一日，金孝在路上捡到了三十两银子，回家后，母亲却让他把银子还给失主。金孝根据母亲吩咐在捡银子的地方等待失主，但是有一个汉子却借此机会讹诈金孝，说包袱里应该有五十两银子，金孝被污蔑，还被汉子拉到县衙，幸好县官清正，最终把这三十两银子判给金孝赡养母亲。汉子目瞪口呆，正所谓"欲图他人，反失自己"。

诚实是美德，诚实贯穿于做人做事的全过程中，诚实做人不仅是兴商之本，生财之道，交友之径，更是赢得他人信任和帮助的入门券。

第七章

不积跬步，
无以至千里；
不积小流，
无以成江海

甩掉无谓的烦恼

南怀瑾认为烦恼都是人自寻的，世上本没有烦恼，人心思一多，烦恼就产生了，如再不静心，烦恼就像不修理的草会疯长，而人就陷入了烦恼的包围圈。

有个小和尚，每天早上负责清扫寺庙院子里的落叶。

在冷天的清晨起床扫落叶实在是一件苦差事，尤其在秋冬之际，每一次起风时，树叶总随风飞舞落下，每天早上都需要花费许多时间才能清扫完树叶，这让小和尚头痛不已。他一直想要找个好办法，让自己轻松些。

后来有个和尚给他出主意说："你在明天打扫之前先用力摇树，把落叶统统摇下来，后天就可以不用辛苦扫落叶了。"

小和尚觉得这真是个好办法，于是隔天他起了个大早，使劲地猛摇树，这样他就可以把今天跟明天的落叶一次扫干净了。这一整天，小和尚都非常开心。

第二天，小和尚到院子里一看，不禁傻眼了：院子里跟往日一样，还是落叶满地。

老和尚走了过来，意味深长地对小和尚说："傻孩子，无论你今天怎么用力摇树，明天的落叶还是会飘下来啊！"

小和尚终于明白了，世上有很多事是无法提前的。如果明天有烦恼，你今天是无法提早解决的，既然如此，就不要无谓地预支明天的烦恼。唯有认真地活在当下，才是最真实的人生态度。

哈里伯顿曾经说过："怀着忧愁上床，就是背负着包袱睡觉。"事实上，人生有90％的烦恼都是不存在的，它们只存在于自我的想象中，往往不会在生活中出现。

有一位年轻人去找心理医生，他对大学毕业之后何去何从感到彷徨。他向心理医生倾诉诸多的烦恼：没有考上研究生，不知道自己未来的发展；女朋友将去一个人才云集的大公司，很可能会移情别恋……

心理医生让他把烦恼一个个写在纸上，然后判断其是否真实，一并将结果也记在旁边。经过实际分析，年轻人发现其实困扰自己的烦恼并不多，他开始有些明白了。

这时心理医生对他说："你看过章鱼吗？章鱼在大海中，本来可以自由自在地游动，寻找食物，欣赏海底世界的景致，享受生命的丰富情趣，但它却找了个珊瑚礁，趴在那里，然后动弹不得，呐喊着说自己陷入绝境，你觉得如何？"

年轻人沉默一下说："您是说我像章鱼？"不等心理医生回答，年轻人自己也笑了，"真的很像。"

心理医生最后说："当你陷入烦恼开始了习惯性反应时，记住你就好比那只章鱼，此时要松开你的8只手，即放松你全身，让它们自由游动，即不给自己压力。要记住，系住章鱼的是自己的手臂，而不是珊瑚礁的枝丫，人烦恼的根源，不在外人外物，全在自己内心。"

每个人都应该问问自己：是不是自己也常常像章鱼一样，喜欢自己捆住自己的手脚？我们之所以烦恼，是因为我们喜欢对过去、现在、未来做这样或那样的假设：假如我失业了怎么办？我会不会变得又老又丑？我的父母会不会把财产都留给弟弟？老板会同意我的销售计划书吗？这样做会不会变得更差呢？诸如此类的烦恼经常困扰着我们。

其实冷静地想想，过去已经过去，现在回忆或后悔，丝毫没用，而明天还未到来，人千万不可提前支取烦恼，因为许多看上去似乎很严重的问题其实都是自寻得来的，有百害而无一利，甚至有些所谓严重问题更是自己虚幻得来的，所以，你再怎么忧虑实际上也无法解决实际问题，只会让自己的心情更糟糕而已。

曾有个心理学家做了一个很有意思的实验。他要求实验者在一个周日的晚上，把自己所能想到的未来 7 天内的烦恼都写下来，然后投入一个指定的"烦恼箱"里。

过了一周之后，心理学家打开了这个"烦恼箱"，让所有实验者逐一核对自己写下的每项烦恼。结果发现，其中 90% 的烦恼并未真正发生。然后，心理学家要求实验者将记录了自己真正烦恼的字条重新投入"烦恼箱"。

又过了一周，心理学家再次打开这个"烦恼箱"，让所有实验者再逐一核对自己写下的每项烦恼。结果发现，绝大多数曾经的烦恼已经不再是烦恼了。

心理学家总结说：一般人所忧虑的烦恼，有 40% 是属于过去的，有 50% 是属于未来的，只有 10% 是属于现在的。但其中 90% 的烦恼未发生过，剩下 10% 的烦恼是可以轻易应付的。所以，由此看来，烦恼多是自己找来的。这就是所谓的烦恼不寻人、人自寻烦恼的原因。

这个实验让实验者切身体会到一个道理：烦恼这东西原来是想象得多，出现得少。烦恼大多是人为的，人只要打开自己的心灵，不受烦恼束缚，烦恼就会随风而去。

如果明天有烦恼，你今天是无法解决的，因为每一天都有每一天的人生功课要做，我们只要努力做好今天的功课就行了。何况，所谓明天的烦恼，大多数时候只是庸人自扰，而因过去产生的烦恼更是没有必要。生命本就短暂，我们决不能让无谓的烦恼把自己束缚住。

放弃也是一种智慧

南怀瑾认为，放弃是一种大智慧。

但很多人对放弃常持一种不舍得态度，这种态度甚至影响了自我的价值观、人生观。他们认为放弃在很多时候就是"退"，但实际上有些放弃会产生"退就是进"的效果，所以，人要培养自己拥有放弃的决心和勇气的意识。

无氧登山是许多登山运动员的愿望，但成功者少之又少。

有一位年轻的登山运动员，在不带氧气瓶的情况下，多次跨过 6500 米的登山死亡线，并最终登上了世界第二峰———乔戈里峰，他的壮举被载入世界吉尼斯纪录。在颁发吉尼斯证书的记者招待会上，那位登山运动员是这样描述他的成功的："我认为，无氧登山最大的奥妙，在于要学会放弃多种欲望。因为在山上，任何一个小小的杂念，都会使你出差错，甚至失去生命！"

放弃还是不放弃？这是个态度问题。因为人一生下来，就注定要面对许许多多的选择。而放弃、不放弃，每时每刻都在考验着人们。

这里还有一个登山故事：

有一支名为"挑战极限"的登山队，经过近一年的筹备后，准备从一座雪山最难攀的一面攀登，并聘请了一位富有经验的老登山运动员做向导。

登山队经过艰苦的努力，当还差几个小时就可攀到顶峰时，老向导突然说要放弃这次攀登活动，理由是天气突变，有可能会发生雪崩。但队长是个血气方刚的年轻小伙，眼看就要到顶峰了，要放弃他死活都不同意。老向导坚持要放弃，他不想让队伍去冒险，可队长听不进去。无奈，老向导独自一人下山，而队长带领其他人继续登山。

结果，除了及时放弃的老向导，其他人全部遇难。第二年，老向导独自一人，成功地攀上了顶峰，却望天长叹。

我们曾看到这样的电视问答节目：主持人随意抽取现场观众的座位号，被抽中者上台答题，答对了可以领奖金。

规则是：答对一、二、三道题，可分别奖现金 1000 元、2000 元、3000元。如果三道题全答对了，就可以得到 6000 元。但还有一条规则，每答对一道题，如果接着答下一道题，就有两种可能：一是答对了，就可以得到第一题和第二题的奖金；第二种可能是答错了，不但第二题的奖金得不到，还会扣除第一题的奖金。如果放弃答下道题，那就只有拿着上一题得到的奖金回家。

这个节目一度玩得很火，但几乎没人能闯过三关，相反，有许多人是空手而归。有一期节目里，一个小伙子给人留下了深刻印象。他连答对了两道题，主持人问他还要不要继续答下道题，他犹豫了一会儿，选择了不答。主持人问他为什么，他说，他一直想给女朋友买一台笔记本电脑，现在答对了两道题，所得奖金基本上够买一台电脑了，所以他选择放弃。

"放弃"二字，往往会和没本事、无能、软弱、失败联系在一起。然而有的时候，放弃不等于失败，放弃更需要勇气。在今天这个时代，人们最容易犯的通病就是私心杂念太多，心浮气躁，以自我为中心，所以，不知道该放弃什么，不该放弃什么。而学会适时地放弃，其实是一种大智慧。

放弃很难做到，但有时放弃是必需的。因为，有时的放弃是为了更好地得到。

不受外物左右

南怀瑾认为，人易受外物左右往往是因为内心不够坚定，或内心不平和、浮躁而致。

有这样一个故事：

3个人喝同一口井里的水，一个人用金杯或玉盏盛着喝，另一个人用泥碗瓷杯盛着喝，还有一个人干脆用手捧着喝，但他们却喝出了不同的感觉。用金杯玉盏的人觉得自己高贵了许多，用泥碗瓷杯的人则觉得自己贫贱了许多，只有那个用手捧水喝的人才痛快地说了一句：好甜呀！

同是一口井里出来的水，为什么给人的感觉会有如此大的差别？是喝水的方式有本质上的不同吗？当然不是，这是心态的缘故。前两个人受外物左右，忘了喝水这一根本，于是只看杯子，品尝不到水的甘甜；后一个人却是为喝水而喝水，结果顺手一捧，喝到的便是甘甜的水。

人生也是如此，在纷繁喧嚣的尘世中，唯有保持内心的平和，淡然自若，不受外物左右，方能品出人生真味。

美国苹果公司掌门人史蒂夫·保罗·乔布斯，27 岁就事业有成，跻身亿万富翁行列，有一年，一位著名摄影师给他拍照片，发现其家居极为简单，不免大为惊讶。乔布斯淡然道："我所需要的也就是一杯茶、一盏灯和一个音乐播放器而已。"

著名的苹果公司掌门人生活方式就是这样简单。

有甲、乙两个人去山上寺庙玩，却因一只鸟而争执起来。

甲说："这是神鸟，要不怎么落在这里。"

乙说："分明是一只普通鸟，根本不是什么神鸟！"

甲强调自己的观点："在我看来，这鸟姿态优美、身披五彩霞光，自然是神鸟！"

乙也强调说："它虽然姿态优美，但本质上与鸡、鸭、鹅没有区别，皆为禽类，有什么神奇可言呢？"

甲有些生气，他反问乙："如果它不是神鸟，为什么偏偏落在这寺庙的清净之地呢？分明是有了灵性！"

乙也当仁不让："如果你我都是神仙，为什么还来此呢？"

甲、乙两人争来争去，也没有争出个所以然来。就在此时，那只鸟忽然展开翅膀，扑扇了几下飞走了。它飞行的姿态竟是如此优雅，身体几乎保持一条水平线。远远看去，的确有几分神奇。但是在乙看来它仍旧还是一只鸟。

一个小和尚从屋里走出，手里托着钵盂，走到鸟刚才栖息过的地方。甲、乙两个人赶紧过来问小和尚：那是一只什么鸟，来寺庙做什么？

小和尚说："我也不知道它是什么鸟，但我经常在此撒些饭食，供流浪猫吃，也许它偶然来此，饿了发现有吃的，便经常来这儿。"小和尚把钵盂放在地上，里面盛着金黄金黄的小米，而这种小米寺庙里的僧人平常是舍不得吃的，他们竟然把最好的东西留给流浪的猫或鸟吃，甲、乙两人不好意思了。唉，他们的争论根本没有意义，小和尚的做法只是很普通的一种乐施。

甲、乙两人不再抬杠，反而觉得对方说的都有一些道理。

生活中，任何事物时刻都处在更迭与变化之中，人千万不能为外物左右，更不能随便下结论，尤其看事物要本着客观的方法，这样，才能做到不盲目，不盲从，不自我，不主观，保持难得的清醒态度。人往往因为思考的角度不同，因为"一念之差"，造成了人与人之间结论、看法上的巨大差异。

柴火够了，水才会开

南怀瑾认为，人总是想做得太多，反而不知道自己该从何做起了。

其实，踏踏实实地一步一行，就能认识到自己掌握的知识太少，要做的

事情有很多自己做不了，自己还有很多不足以及有待去改进和提高的

地方。

中国有句话，"万事挂怀，只会半途而废。"所以，不断地为一个目标

添加"柴火"，才能使努力不断加温，最终实现目标。

一位青年满怀烦恼去找一位智者。他大学毕业后，曾豪情万丈地为自

己树立了许多目标，可是几年下来，依然一事无成。他找到智者时，智者

正在河边小屋里读书。智者微笑着听完青年的倾诉，对他说："来，你先帮

我烧壶开水！"

青年看见墙角放着一把极大的水壶，旁边是一个小火灶，可是没发现

柴火，于是便出去找，他在外面拾了一些枯枝回来，装满一壶水，放在灶台上，在灶内放了一些柴火便烧了起来，可是由于壶太大，那捆柴火烧尽了，水也没开。于是他跑出去继续找柴火，那壶水已经凉得差不多了。这回他学聪明了，没有急于点火，而是再次出去找了些柴火，由于柴火准备充足，水不一会儿就烧开了。

智者问他："如果没有足够的柴火，你该怎样把水烧开？"

青年想了一会儿，摇了摇头。

智者说："把水壶里的水倒掉一些就可行了。"

青年若有所思地点了点头。

智者接着说："你一开始踌躇满志，树立了太多的目标，就像这个大水壶装的水太多一样，而你又没有足够的柴火，所以不能把水烧开，要想把水烧开，你或者倒出一些水，或者先去准备柴火！"

青年顿时大悟。回去后，他把计划中所列的目标划掉了许多，只留下几个，同时利用业余时间学习各种需要的知识。几年后，他保留的几个目标基本上都实现了。

还有这样一个故事。

有一家外资企业招聘一个业务经理，有两个人去应聘，一个是工商管理专业的本科生，一个是地质专业的博士。两个人都顺利地通过了面试。

但在复试时，许多人认为会淘汰博士，因为博士专业不对口。但结果是那个地质学博士被聘用了。

大家也许会认为这个老板脑子有问题，或者说是想招个博士生进来装点门面。但那个老板却不这么认为，你听一听他的说法。他说：这两个人面试时给我的印象都差不多，实际上，那个本科生给我的感觉还要好一点，但短时间内的这一点直觉上的差别不足以让我认定那个本科生更优秀，所以我只能通过其他途径来判断。后来我之所以选择那个博士生，是因为我认为在现行的教育制度下，一个人能通过层层考试读完博士，至少说明他有三点过人之处：他有着严密的逻辑思维能力、他能够有效地安排自己的时间、他有很好的自制力，学习能持之以恒。而这三点，正是我们所需要的。至于专业知识虽也很重要，但在实际工作中只要会学习，专业知识会很快掌握，举一反三的能力更会得心应手，我当然不是说那个本科生就一定没有这样的能力，但我对他们都不了解，在这么短的时间内要做出决定，显然博士文凭给我的信息量更大，也更可靠。

大家觉得这个老板的话有没有道理？实际上，这个事例已经作为信息经济学的经典案例写入教科书，成为一种被广泛接受的观点。所以，态度踏实，无论求学、做事，都会被更多的人认可与接受。

在电影《风雨哈佛路》中讲述了一位生长在纽约的女孩——莉斯，其人生历经艰辛和辛酸，但最终凭借自己的努力，走进了最高学府哈佛大学的感人故事。

莉斯是一个金发女孩，童年在贫穷和饥饿中度过。她生长在一个不幸的家庭，母亲吸毒染上了艾滋病而精神崩溃，父亲酗酒最后进入了收容所，外公又不肯收留她，她只好流浪街头。不久，母亲去世了。母亲死去那一天，只有棺木，连简单的葬礼仪式都没有。她只渴求父母亲情，但这人世间最基本的愿望也成了奢望。棺木就要被下葬，她静静躺在棺木上边，和她的母亲做最后的告别。

如果继续沉沦下去，她将会和母亲的结局一样悲惨，她决心要开始全新的生活。父亲作为她上学的担保人从收容所出来。办理完担保手续出来的时候，父亲对她说："好孩子，要踏实学习，我不能成功了，但是你行的。"望着父亲远去的背影，这个弱小的女孩坚定了信心，从容地走进了学校的大门。她踏踏实实地学习每门课程，每天早起晚归，全身心地投入到学习中。从 17 岁到 19 岁，两年的时光，她学习掌握了高中四年的课程，每门学科的成绩都在 A 以上。最终她以优异的成绩顺利地考入了哈佛大学，改变了自己的悲惨命运。

生活对任何人都是平等的，生活也是没有捷径可以走的，我们能做的就是一步一步地走好脚下路，最终迎来胜利的曙光。

古人说："不积跬步，无以至千里；不积小流，无以成江海。"这说明任何大事情都是无数的小事情累积起来的，每一次成功都是不断地努力后才取得的。所以，如果我们凡事都能从小做起，不求一步登天，具有愚公移山的精神，最终一定能马到成功。

生活很公平，人人心中都有一杆秤

南怀瑾认为，在人生的道路上，不要左顾右盼路边的风景而迷失了自己前进的方向。看脚下，踏踏实实走好每一步，才能踏上通向成功的康庄大道。

夜色中，法演禅师和佛果、佛眼、佛鉴三位弟子在一座亭中闲聊。这三位弟子禅功不相上下，都很得法演的赏识。他们谈古论今，相当热烈。不觉夜深天凉，几人裹紧袈裟，准备回寺休息。

归途中，忽然一阵风吹过，把走在前面的佛眼手中提着的灯吹熄了。四周一片昏暗，法演不失时机地对几位弟子说："快把你们此刻领悟到的心境说出来。"

话音刚落，佛鉴答道："彩凤舞丹霄。黑暗和光明并没有分别，此刻在禅者的心里，也像是五彩斑斓的凤凰翩翩起舞于红霞明丽的天空。"

佛眼说道："铁蛇横古路。只要心地空明，没有什么能阻止求法者的脚步。"

佛果说："看脚下。"

法演点头叹道："能够胜过我的，只有佛果。"

有为之人之所以有为，是做任何事情都非常踏实、尽心。生活很公平，付出多少，回报多少。事实上，人人心中都有一杆秤，实际付出了多少努力自己最清楚。

少年时代的普利策除了继承了犹太人的聪颖天资之外，更是养成了一种几近于桀骜不驯的固执个性，他向往着炮火连天的战场。因此，17 岁时便离家出走。但是由于身体瘦弱和近视眼，不管是匈牙利军方、法国军方，还是英国军方，都拒绝了他的参军梦。即使身陷此等万般无奈，普利策也没有放弃。1864 年底，他加入了美国联邦军在法国招募的兵团，后来成为林肯骑兵团的一名士兵参加了美国内战。

但是，战争结束，也意味着普利策梦想的完结。在一个陌生的城市，法语和德语流利的他却遇到语言的尴尬，他不会英语。作为退伍军人，他只好靠退伍抚恤金勉强度日。这时，不甘平庸的意志再次帮了他的大忙。他辗转来到圣路易斯。为了糊口，他干过骡马饲养员、水手、建筑工人、饭店侍者、典狱长等杂活。

令人叹服的是，普利策并没有迷失在这种流浪汉般的生活里。他不但做好每一份工作，还把这些底层工作当作一种历练自我、磨炼自我的过程。其间，他利用业余时间执着而刻苦地学习英语和法律。

1868年底，《西方邮报》招聘一名记者，21岁的普利策被录用了，这是他生活和命运的重要转折。正如他后来所说："我，一个无名小卒，一个不走运的人，一个几乎是流浪汉的人，最终被选中担任这项工作——这一切都像做梦一般。"从此，他找到了通往成功的道路。

当时，《西方邮报》在精力充沛的共和党激进分子舒尔茨和主编普雷托里斯的领导下，成为纽约以西最有影响的德文报纸。普利策进入报社后，就全力以赴地投身于新闻工作，每天要工作16个小时——从上午10点到次日凌晨2点，他的座右铭是："工作、工作、工作，思考、思考、思考。"

起初，他是圣路易斯各报同行的嘲笑对象，人们一看到他那茎状的头、细长的脖子、红色的胡子、尖尖的鼻子、厚厚的眼镜、骨瘦如柴的身躯、结结巴巴的英语、破旧的衣衫和容易冲动的性格，就嘲笑他，但他的奋勉精神、采访新闻与众不同的特殊本领却日渐令人钦佩折服，他很快赢得了上司的赏识。工作一年后，在1869年12月14日，普利策被推选出席了圣路易斯城第十大街举行的共和党会议。尽管他年仅22岁，离竞选年龄还差3岁，但他还是在会上被推选为该党领导的候选人。随后，普利策组织街头会议，发表演说，亲自拉选票，参加竞选活动，最后成功当选。接下来，个人的执着和努力品质把普利策的事业推向顶峰。他凭借强烈的求知欲和充沛的精力，不知疲倦地投入到新闻工作中。1878 年，他熟练地掌握了英语，并凭着培养起来的出色新闻业务能力，在此后的几年买下了圣路易斯的《电讯报》，并把它与当地《邮报》整合成《圣路易斯邮讯报》；1883 年，他以高价买下了濒临破产的《纽约世界报》。而众所周知的《圣路易斯邮讯报》和《纽约世界报》的成功，正是对普利策不甘平庸的努力的回报。

从劳动中结出的硕果是最甜美的。虽然一个人每天所做的事情有限，但是如果持续做有意义的事情，就能取得成绩。

时不我诗

南怀瑾认为，时间非常宝贵，唯有珍惜时间，才能让生命增值。

人其实很容易迷失在时间的旅途中，有些人晕晕乎乎，任时间从自己的指缝中溜走。而有些人似乎很忙碌，总嫌时间不够用，最后一盘点什么也没做出来。还有一些人，一辈子一味随波逐流，烦恼着、痛苦着、挣扎着，对时间没有一个计划。上述这些其实都是在浪费时间和生命。时间匆匆而过，一个人如果没有明确的人生规划，随便找个工作或开始从事某一种行业，然后碌碌无为一生，就将丧失改变命运的许多大好良机。

有这样一个故事：

春末时节，仰山禅师辞别老师沩山禅师，下山去了，夏天即将结束的时候，仰山禅师上山向老师问安。沩山禅师关切地问弟子："你这个夏天过得怎么样？干了些什么呢？"

仰山禅师恭敬地回答说："老师，我自己在山下开垦了一块土地，播撒了种子，就等着收获了！"沩山赞许地点了点头："很好，你这个夏天没有白过啊！"

仰山也问道："老师，您这个夏天都干了些什么呢？"

沩山笑着回答说："这个夏天我可没有做什么，就是按时吃饭，按时睡觉。"仰山高兴地说道："老师，您这个夏天也没有白过啊！"沩山哈哈大笑。

看，这就是人生的大智慧，面对属于自己的每一天的生活，只要认真对待，努力做到最好，便已足够。

生活中，有很多人的生活就像脚踩西瓜皮，滑到哪里是哪里。在很长的时间内，他们都不知道自己到底要干什么，等到醒悟之时，已经是晚年，丧失了最好的时机。有一项调查表明，人的一生有七次机会可以改变命运，从25岁到70岁，25岁时，年纪太小，容易失去机会；70岁时，年纪太老，也难以把握住机会，剩下的五次，由于种种原因，也可能错过两次，那么整个一生还可能有三次改变命运的机会，你能否抓住这改写命运的三次机会呢？我们来看看保罗的故事：

1976年的冬天，19岁的保罗在美国休斯敦太空总署的太空梭实验室里工作，同时也在总署旁边的休斯敦大学主修计算机专业。保罗酷爱音乐，即使工作和学习再忙再累，只要有一分钟的时间，他也会进行音乐创作。

保罗自己不擅长写歌词，于是他寻找了一个叫斯密特的女生，帮他写歌词。斯密特写的歌词充满了灵气，让保罗爱不释手，他们一起创作了许多很好的作品，一直到今天，保罗仍然认为这些作品充满了特色与创意。

一个星期六，斯密特邀请保罗去她家参加晚宴，席间斯密特问保罗："想象一下，你五年后会做什么？"

保罗愣了一下，略作思考，正准备回答的时候，斯密特又说："别急着回答，你先仔细想想，确定后再说出来。"于是保罗沉思了几分钟，然后说道："第一，我希望五年后我能发行一张会很受欢迎的唱片，可以得到许多人的肯定。第二，我要生活在一个有很多很多音乐的地方，能天天与世界一流的乐师一起工作。"

斯密特说："你确定了吗？"

保罗慢慢稳稳地回答："是的，我确定。"

斯密特接着说："好，既然你确定了，我们就把这个目标倒算回来。如果第五年，你要发行一张唱片，那么第四年你一定要跟一家唱片公司签好合约；进而第三年一定要有一个完整的作品，可以拿给很多很多的唱片公司试听；那么第二年，你一定要开始录制作品；因此第一年，就一定要把你所有准备录音的作品全部编曲，排练就位准备好。那么第六个月，就必须把那些没有完成的作品修饰好，并且逐一进行筛选。而第一个月就是要把目前这几首曲子完工。那么第一个礼拜就要先列出清单，排出哪些曲子需要修改，哪些需要完工。好了，我们现在已经知道你下个星期一要做什么了。"斯密特笑着说，"对了，你五年后，要生活在一个有很多音乐的地方，与许多一流乐师一起创作，对吗？"她急忙地补充说，"如果，你的第五年已经在与这些人一起工作，那么第四年应该有自己的工作室或录音室；第三年，可能是先跟这个圈子里的人在一起工作；第二年，你应该不是住在德州，而已经住在纽约或是洛杉矶了。"

与斯密特分手后，保罗认真想了一晚上，第二年，保罗辞掉了令许多人羡慕的太空总署的工作，离开了休斯敦，搬到洛杉矶。说也奇怪：不敢说是恰好五年，但大约是第六年——1983 年，保罗的唱片开始畅销起来。

时间永远向前，今天过了就没有今天了。所以当你暂时没有目标，暂时看不清前方的道路，暂时感到困惑的时候，你是否应该像保罗一样静下心来问你自己：五年后你"最希望"自己在做什么？这样倒推，就大约可以知道，此刻你应做什么。

人要让宝贵的时间为己服务，让时间在自己短暂的生命中做出让自己不后悔的事情。而这一切的一切，需要有明确的规划和可行性，需要我们订计划。古人说，时不我待，就是告诉我们，时间一去不复返，浪费时间，就是浪费生命，浪费机会。

悉心享受生活中每一次小小的喜悦

南怀瑾认为，养成享受生活中每一次小小的喜悦非常重要，因为这可以让心自由自在。所以，不管你以什么样的形式生活，只要内心很自在就可以了。

中国很多寺庙都有布袋和尚的塑像，有首诗是这样形容他的：一钵千家饭，孤身万里游；青目睹人少，问路白云头。这首诗非常有名，形象讲述了布袋和尚自由自在、闲云野鹤般的生活景象。

哲学家苏格拉底还是单身汉的时候，和几个朋友一起住在一间只有七八平方米的小屋里。尽管生活非常不便，但是，他一天到晚总是乐呵呵的。

有人问他："那么多人挤在一起，连转个身都困难，有什么高兴的？"

苏格拉底说："朋友们在一块儿，随时都可以交换思想，交流感情，这难道不是很值得高兴的事儿吗？"

过了一段时间，朋友们一个个相继成家了，先后搬了出去。屋子里只剩下苏格拉底一人，但是他仍旧每天快快活活的。

那人又问："你一个人孤孤单单的，有什么好高兴的？"

"我有很多书啊！一本书就是一个老师。和这么多老师在一起，时时刻刻都可以向它们请教，这怎能不令人高兴呢？"

几年后，苏格拉底也成了家，搬进了一座大楼里。这座大楼有7层，他的家在最底层。底层在这座楼里环境是最差的，楼上的人总往下泼污水，丢死老鼠、破鞋子、臭袜子和杂七杂八的脏东西，那人见他还是一副自得其乐的样子，好奇地问："你住在这样的地方也感到高兴吗？"

"是呀！你不知道住一楼有多少好处啊！你看，我一进门就到家，不用爬很高的楼梯；搬东西也很方便，不必费很大的劲儿；朋友来访容易，用不着一层楼一层楼地去叩门询问……特别让我满意的是，可以在空地上养一丛一丛的花，种一畦一畦的菜，这些乐趣呀，数之不尽啊！"苏格拉底情不自禁地说道。

过了一年，苏格拉底把底层的房间让给了一位朋友，这位朋友家有一位偏瘫的老人，上下楼很不方便。而他搬到了楼房的最高层——第7层，可是每天他仍是快快乐乐的。那人揶揄地问："先生，住7层楼是不是也有许多好处呀！"苏格拉底说："是啊！好处可真不少呢！每天上下几次，这是很好的锻炼机会，有利于身体健康；7楼光线好，看书写文章不伤眼睛；没有人住在头顶干扰，白天黑夜都非常安静。"

后来，那人遇到苏格拉底的学生柏拉图，问道："你的老师总是那么快快乐乐，可我却感到，他每次所处的环境并不那么好啊！"

柏拉图说："老师内心快乐，不受外物影响啊。"

生活中，百分之百的快乐是没有的，正如萧伯纳所言：如果我们觉得不幸，可能会永远觉得不幸。但是，我们可以想一些愉快的事情，做一些快乐的事情。比如，我们出门上班时偏偏天下雨了；我们要出去旅行时火车又晚点了；我们打球时偏偏场地不能用了，等等。我们的反应是愤怒、沮丧、自怜，但如果认为下雨、晚点、球场被他人占用都是正常的事，我们的内心就不会有那么多愤怒、沮丧、自怜了。所以请记住：决定一个人心情的，不在于环境，而在于心境。

还有这样一个故事：

唐朝诗人白居易去拜访恒寂禅师。当时天气非常热，他却看到恒寂禅师在房间内，非常安静地坐着。

白居易就问："禅师！这里好热哦！为什么不换个清凉的地方？"

恒寂禅师说："我觉得这里非常凉快啊！"

白居易对这事有所启发，于是作诗一首：人人避暑走如狂，独有禅师不出房；非是禅房无热到，为人心静身即凉。意思是说，只要做到内心平静，身上自然不热，就可以安然地面对一切。

学会心静，往往才能感受到生活的多面滋味。

还有这样一则故事：

一个人来拜访朋友，吃饭时，朋友只配一道咸菜，这个人问朋友："难道这咸菜不会太咸吗？"

"咸有咸的味道。"朋友回答道。

吃完饭后，朋友倒了一杯白开水喝，这个人又问："没有茶叶吗？怎么喝这么平淡的开水？"

朋友笑着说："开水虽淡，可是淡也有淡的味道。"

生活中有荣有辱，有毁有誉，这是人生的正常际遇，不足为奇。只要以平和的心态去面对，就能达观进取，笑看人生！很多时候，人们都用沉重的心态去计较太多的东西，总去计较，不改变心态，就看不到生活的积极一面。所以，学会敞开心胸，就能享受愉快的人生旅程；学会放弃攀比、计较，就能享受生活的多姿多彩。

慎独的意义

南怀瑾认为，人要有敬畏之心，要有慎独的意识。

一个人如果在做人做事上常常感到"战战兢兢，如临深渊，如履薄冰"，那么在任何时候都能做到有敬畏之心和慎独意识。敬畏之心和慎独是人自律的最高境界，敬畏之心和慎独是一种自我约束，是人生最重要的品质。有些人当面一套，背后一套；有人在与没人在时是两副面孔，做不到表里如一；还有些人，高兴时手舞足蹈，不高兴时有人与他打招呼都爱答不理，丝毫没有大局意识。

古人云："举头三尺，决有神明；趋吉避凶，断然由我。"佛家讲敬畏之心，古人讲慎独，慎独和敬畏之心都是一种修身方法，是对自我道德的完善。对事情有畏惧之心，有慎独意识，是要在别人看不见、听不到的地方，心中明亮，坚持始终如一的处世道德观念，绝不做任何见不得人的事。

敬畏之心、慎独主要是自检、自省、自我约束。所以，敬畏之心、慎独，对一个在现代社会中打拼的人来讲，在无人监督下，谨慎处世、洁身自好，调节自我与他人，个人与社会的关系极为重要，这两点是对人的一种必不可少的素质和要求。

弘一法师出家以后，自律甚严，但他仍能时时反省，唯恐沾上了"俗气"，在不知不觉中松懈下来。他曾检讨自己是个"应酬的和尚"，是他对自己的自我批评。他深刻而细致地剖析自己，认为"到处演讲"、"常常见客"、"时时宴会"作为一个和尚是不应该的。

其实，"严于律己"对任何一个人来说，都是需要的。时时检点自己的行为，处处以高标准严要求对待自己，保持心灵纯净善良，显示自己清白的人格，这些都是很重要的，也是为人处世很关键的。人要学会对各种诱惑说"不"，加强在"诱惑"面前的品德修养，发现过错或过失，时时思量，有则改之，才是真正的智者。

一次，弘一法师收到一封批评信，批评他"名闻利养"。法师看信后闻过则喜，立即以此为契机改正他有某些诸如参加宴会的"俗人"习惯，让自己在"名闻利养"的路上"刹车"。

看，这就是一代大师道德修养的境界。面对批评，不辩驳，不逃避，不为自己找借口，而是反省自己，剖析自己，改正，改过。

在现实生活里，"名闻利养"不仅司空见惯，大有愈演愈烈的势头，并且让人觉得是不足为奇的事。许多人见利忘义，互相攀比，以"认识多少人"、"会挣多少钱"、"能当多大官"、"有多大架子"作为自己追求的标准。但正是这种温水煮青蛙的效应，让许多人自觉不自觉地在名利场上消耗自己和别人的精力，以此浪得虚名。有些人甚至虚名越大，品行越低，还有些人不辨是非，在名利追逐上趋之若鹜。所以，我们要学习弘一法师"闻过则喜"的境界，应该对自己的一些行为感到汗颜。

人要干成事，首先要对自己有严格的要求，而不是对自己没要求，得过且过，甚至放纵自己，随便自己。我们都知道"世界上最可怕的是欲望！"因为欲望是永无止境的，对人永远起着诱惑的作用。据说罗马恺撒大帝在临终时告诉身边的人："请把我的双手放在棺材外面，让世人看看，伟大如我恺撒者，死后也是两手空空。"是的，自律并不是要求所有人都有这样高的境界，但控制贪欲，要有强制性，这是对自身的一种高标准要求。

东汉荆州刺史杨震发现王密是个人才，便举荐王密当县令。后来王密给杨震送礼，表示知遇之恩的一点心意，杨震拒绝，王密说："现在是夜里，没人知道。"杨震正色道："天知、地知、你知、我知，怎么说没人知道！"王密听后，十分羞愧自己的举动。

杨震这种自律，完全是发自内心的。与之相反，古代有这样一个故事：

有个皇帝早就听说个别大臣利用手中的权力，常袖中藏物，带回家中。一日，皇帝召集所有大臣到库房，下令说："各位可视自己的力量，搬走库中之物。"众大臣都面面相觑，不敢动手。皇帝又说："只管拿，不做深究。"

一大臣走出，拿起一丈绢转身就走，皇帝问为何只拿一丈绢，大臣答，"做一件衣服够了。"另一大臣也出列，左挑右拣背起一捆绢数千丈，皇帝挥挥手，让他走，但他不堪重负，刚出大门腰折弃之，后不背任何之物，连行路都行不了了。

看看，贪欲如同深渊，如果总不满足，就会为负重所累。所以，人在欲望面前，重要的是克制欲望，而克制欲望，最主要的是要提高修养，加强自身的严格要求。

弘一法师在其著作《改习惯》中列举了七种改掉坏习惯的要求，他认为这七种要求对出家人而言，是一种自律，他认为改掉毛病，改正偏差，有敬畏之心，才能一心一意念佛，否则便是三心二意。同时他本人亦非常自律，这对今天的我们也有很多启迪意义。现今很多人讲名牌，摆阔气，搞奢侈之风，还有些人夸夸其谈，有不做实事以及好吃懒做的"败家子"作风，这些都与社会进步格格不入。因此，作为现代文

明社会的人，我们要有时时反省自己的习惯，处处严格要求自己，多提

高个人修养，做一个有敬畏之心、有慎独意识的人，做一个有益于世道

人心的人。